做一个心平气和的女人

瀚文◎编著

中国纺织出版社

内 容 提 要

心态不是人生的全部，却左右了全部的人生！好心态是女孩一生幸福的积极推动力，女孩的心态越好，社交能力越强，人际关系越融洽，收获的幸福感也越强。

本书就是这样一本心灵指导书，立足于指导那些对未来充满憧憬又迷茫的女孩们，认识心态的重要作用；运用简洁精练的语言、通过生动和新颖的案例，帮助女孩们如何改变消极的心态，拥有积极的心态，进而开拓成功的人生。

图书在版编目（CIP）数据

做一个心平气和的女人 / 瀚文编著.--北京：中国纺织出版社，2018.3（2022.6重印）
ISBN 978-7-5180-4719-2

Ⅰ.①做… Ⅱ.①瀚… Ⅲ.①女性—修养—通俗读物 Ⅳ.①B825.5—49

中国版本图书馆CIP数据核字（2018）第023763号

责任编辑：闫 星　　特约编辑：李 杨　　责任印制：储志伟

中国纺织出版社出版发行
地址：北京市朝阳区百子湾东里A407号楼　邮政编码：100124
销售电话：010—67004422　传真：010—87155801
http：//www.c-textilep.com
E-mail：faxing@c-textilep.com
中国纺织出版社天猫旗舰店
官方微博http：//weibo.com/2119887771
三河市延风印装有限公司印刷　各地新华书店经销
2018年3月第1版　2022年6月第4次印刷
开本：710×1000　1/16　印张：14
字数：205千字　定价：48.00元

前言

幸福是什么？不同的人有不同的看法。对于女孩来说，出身高贵、天生丽质、嫁给一个好男人或者有一份好职业，这是好命，但这样的女孩却不一定能感受到幸福。而也有一些女孩，她们出身平凡，相貌平平，在婚姻问题上也许并不顺，还有可能在工作中总是遇到问题，但是她们的脸上却常常洋溢着幸福的笑容。为什么？区别只在于后者比前者的心态好。

为此，我们有必要了解什么是真正的幸福，从社会学的角度来看，幸福是指心理欲望得到满足时的状态，或者说，从生活中获得较长时间的满足，品味到巨大的乐趣，由此自然而然产生希望这种生活持续久远的愉快心情。通俗点来说，女孩所渴望的幸福就是一种内心安宁、淡然的感觉，如果你内心感觉幸福，哪怕生活再清苦，人生再不顺，你也能微笑面对，否则的话，再奢华的生活也换不来女孩的开心一笑。

的确，一个聪明的女孩，对幸福的追寻，从来就没有停止过。只有那些睿智的女人，才真正得到了幸福。有人说，有什么样的心态，就有什么样的人生。积极乐观的心态是女孩家庭幸福、事业成功的根本，是女孩展露笑靥与展现风姿的源泉，它不仅让女孩快乐一生，更能让女孩幸福一生。

的确，影响我们人生的绝不仅仅是环境，更重要的是心态，因为心态掌控了人的行动和思想，也决定了我们内心是否平静和快乐，我们是否感到幸福，并不是因为我们身在何处、拥有何物或因为我们是何人，而是

取决于我们的心态，也就是我们是如何看待周遭的人、事、物的，心态积极，就会拥有积极的人生。

本书要告诉对未来充满憧憬的女孩们，幸福的秘密在于对心态的把握，在本书中，你会看到聪明的女孩们是如何处理生活中遇到的问题的，范围涉及生活、工作、爱情和婚姻，以及社交人际，所展现的是不一样的自我，美丽的、聪明的、温柔的、狡黠的、善变的、高雅的……但无论在什么时候，只有你自己才能拯救自己。所以，聪明的女孩要努力学会驾驭自己的心态，经营自己的人生，这样才能最终得到幸福和快乐。

阅读本书，或许你并不能一下子感受到幸福，但是你却能从中获取到调节心态、找寻幸福的方法，如果你能认真阅读并实践，一定会收到成效。

编著者

2017年7月

目录

第1章
成熟之心：实现从青涩女孩到成熟女人的蜕变

一颗成熟的心，是女孩步入幸福殿堂的基础。不能掌控自己的心态，就容易被贪婪、消极、依赖等负面心态束缚住，就很难掌控自己的命运，更难以获得人生的幸福。一颗成熟的心，是理智的，懂得知足常乐、积极进取的同时不会忘记享受人生；同时情感是丰沛的，感受力更是敏锐的，小节处似乎糊里糊涂，大事上却清清楚楚，这样才能一边追求事业上的成就，一边享受生活中的感动，这才是真正的幸福。

心态积极，就能发现人生幸福

积极心态孕育成功的果实，乐观的女孩往往抱着对美好前景的期盼而付出努力，找到不同的方法走出困境，创造幸福。而消极的心态往往孕育着失败的萌芽，如果一个人总是对前景抱着负面的想法，坐以待毙，是不可能找到通往成功和幸福的路径的。

一个女孩如果对于生活有着积极的盼望，执着的追求，美好的梦想，那么无论她本身是否成功，她的生活就是美好的、幸福的。女孩的幸福一定包括对于未来的美好想象和期盼，有未来、有梦想、有追求、相信明天本身就是一件幸福的事情。相信明天并且为美好的明天而执着努力是每个人快乐生活的一部分。如果一个人始终悲观消极，不看好自己的未来，不相信执着努力就一定能够创造幸福，对于明天没有梦想，生活本身就少了很多乐趣，那种浑浑噩噩、过一天算一天的生活本身就是一种折磨。

再者，态度积极的人无论遭遇任何困境或问题都相信一定能够找到解决的方法，而坚定的信念和不断的思考，往往能够把解决问题的方法、稍纵即逝的机会都带到态度积极的人面前，并被他们敏感的眼睛捕捉到。而消极的人却只顾着愁眉苦脸，一旦出现困境就会止步不前，悲观绝望，就算有“柳暗花明又一村”的机会也会被她们错过，抱着这样的心态，怎么可能得到幸福呢？

心态积极的人与消极的人感受幸福的能力也有所不同，积极的人往往对于快乐更加敏感，而消极的人对于痛苦和烦恼更加敏感；积极的人更注重于如何制造和享受快乐，消极的人往往庸人自扰、杞人忧天地陷在烦恼中无法自拔。因此积极的女孩更容易从烦恼中解脱，善于苦中作乐；消极的女孩却往往在最高兴的时候想到“福兮，祸之所依”而产生忧患之感。

所以，只有积极的心态才能创造并且享受成功、快乐、幸福，也只有积极乐观的心态才能成为幸福的源泉。无论生活中发生了什么，永远看到前方的光明就是一种幸福。女孩怎样才能享受这样的幸福呢？

只有学会积极追求生活中的一切美好事物，内心才能够宁静安详，心中有希望，才有未来可言。顾城曾经在他的诗中写道“黑夜给了我黑色的眼睛，我却用它来寻找光明”。只有拥有这样的一双眼睛，拥有最执着追求的积极心态，才可能赢得梦想、事业、爱情的丰收。

很多时候，女孩最需要的就是那一点执着。清末的巾帼英雄秋瑾，虽然身为女孩，却心怀家国，曾写下“驰驱戎马中原梦，破碎山河故国羞”的诗。她与丈夫因为志向不同，婚姻生活不顺遂，因为革命需要决定去日本留学，但丈夫认为“那是男人的事情”而不同意，并且把她的积蓄拿走阻挠她赴日。但秋瑾认为“我要去寻求真理，女孩也有救国救民的责任”。“你可以窃去我的钱财，但你捆不住我出国留学的决心。”她在朋友的资助下只身东渡日本，虽然最后因起义失败被逮捕，但她执着于梦想，积极追求救国的心一定是快乐的。

女孩有梦才有幸福。很多时候，女孩不一定要有锦衣玉食的生活，但一定要对人生抱着希望，一定要对生活有情趣，对未来事业有追求，对眼前的一切乐观，才能得到真正的快乐。女孩所谓的“幸福”有一半来自于幻想和感受，并非理性可以控制，对所有的一切充满好奇心，人生有寄望、有盼头才有快乐。

很多女孩都是这样，有时候对平凡的生活充满失望，但是孩子一个小小的进步，一句懂事的话；丈夫一个体贴安慰的眼神，事业上一个小小的胜利；甚至于对未来的小小憧憬都能够让她们感到宁静的幸福。除了被动感受幸福外，女孩还要积极主动制造一些生活中的乐趣。参加一次规划已久的旅行，学习一种全新的技能，在生活中制造一些“意外的惊喜”，这些都能够让我们从沉闷的生活中解脱出来，享受生活中的美好。

女孩一定要学会乐观，积极追求自己的梦想，有未来、有规划、执着，对生活充满渴盼，才能从最平凡的日子中发现最闪耀幸福。

心态决定命运，做好命女孩

一个人只有完全掌控自己的心，才能掌握自己所拥有的一切，掌握自己的命运。行动力和智慧是一个人获取幸福的工具，但并不是唯一的，更不等于拥有了这些，就拥有了幸福。能够令人感到满足和快乐，一个人的心态很重要。

人是感性的动物，无论是站在世界的顶端还是芸芸众生中的一员，所有的理想、信念、成功、努力和各种情感，目的无非是满足自己的欲望——无论是功成名就的成就感，还是掌控一切的自信，还是简单的快乐。如果你的所有努力，都不能带给你享受的感觉，不能带给你满足和快乐，这一切就失去了意义。有些人会越成功越觉得空虚，就是因为掌控不好自己的心态，智慧和努力就只带给了他地位上的提升而不是心理上的满足。

有人说越聪明的人越悲哀，因为明白，所以忧伤。他们的论据是夏娃和亚当吃下了智慧果，看到了一切，而给自己找来了麻烦，获罪于上帝，被赶出了伊甸园，所以认为智慧是人类悲剧的开端。越是有大智慧的人往往看到的越多，看到的越多，越能深刻地感到天地、宇宙的浩渺，也就更能感到人类的无力。动物往往只忙于生存，人类有了自己的情绪，有改变自然的能力，然而越是高级的，就越是烦恼多，谁能说这不是心态的问题呢？

掌控好自己的心态，就是为命运的小船掌好了舵，对于女孩来说，尤其如此。女孩天生有一颗敏感的心，它比男人更容易摇摆，感情更充沛但缺少理性的控制，更容易受到各种诱惑，更容易取舍不定，所以只有平和成熟的心态才更容易给女孩带来幸福，女孩才能掌握自己的命运，而不至于随波逐流或被人生的细枝末节所惑。

一个人的命运要自己掌握，双手只是一种实现梦想和掌控命运的工具，如果内心深处是自卑或者懦弱的，就不可能作出坚定的决定，也就不可能真正掌控命运。如果一个人的心态是消极的、悲观的，那么做事之前的观望和对前景的不看好会阻碍他付出百分之百的努力，最终的结果也不可能更美好，命运就会逐渐走下坡路。所以说“积极的心态孕育成功的果实，消极的心态孕育失败的萌芽”。

一个人只有心态成熟了，才可能带来人生的转折。

杨澜曾经是央视的一名节目主持人，在这之前，她不过是一名普通的大学生，对人生和前途并没有真正的规划。但她坚信“女性也可以很有头脑”，“做一个聪明有头脑的女孩”就是她最基本的心态和愿望。在央视的几年中，靠着自身的实力与魅力，她获得了“十佳电视节目主持人”“金话筒奖”等，这些更确立了杨澜未来的发展方向即“做一名真正的传媒人”。但这一切也让她更深刻了解到了自身的危机：“一次幸运并不可能带给一个人一辈子好运。”

此时，她的心态开始发生了改变，希望可以掌控自己的命运。这时，

机遇出现了，正大集团总裁谢国民先生愿意资助她出国留学。但杨澜手上还有节目待主持，正在她犹豫不决时，谢先生的一句话点醒了她：“我觉得一个节目没有一个人重要。”于是，26岁的杨澜告别了辉煌的舞台，远赴美国哥伦比亚大学，就读国际传媒专业。求学期间，杨澜的视野一下子开阔了许多，亲身接触到了许多成功的传媒人和先进的传媒理念，借此实现了从一个娱乐节目主持人向复合型传媒人才的转变。

可以说，如果不是她的心态发生了改变，那么她很可能止步于一个娱乐节目主持人，并随着时代的洪流逐渐埋没在异彩纷呈的娱乐节目中，也就不可能取得如今的成就。

心态改变了，想法、努力方向、处世方法都随之改变，于是人生就有了另外一番精彩。可以说，有什么样的心态，就会有什么样的人生，有什么样的命运。每个人终其一生都要经历各种各样的困局和障碍，不断遇到各种各样的烦恼，采用不同的态度面对这些，就会拥有不同的命运。心态是成熟的，就会把一切困难看成是百米跨栏中的“栏杆”，一旦跨越，就离成功近了一步。心态是消极幼稚的，就会把这些看成翻越不过去的大山，自然会导致和前者有天壤之别的人生结局。

心态决定命运，只有掌控好自己的心态，才能把命运牢牢掌握在自己手中。

成熟女性，更具美丽光彩

心态成熟的女孩往往是最美丽的，因为只有心态成熟时女孩才懂得怎样珍惜自己的美，才懂得怎样展示自己的美和怎样欣赏自己的美。一个成熟的女孩就像一朵茉莉或者一朵牡丹，因为懂得自己的独特在哪里，懂得自己需要吐露芬芳还是展现姿态，才显得格外千娇百媚。

女孩只有成熟，才懂得哪些是自己能够掌握的，自己能够选择的，而不是目空一切，觉得一切都在自己掌控之中。有取有舍，知道自己该走的路在哪里，这种理智和智慧会给女孩增添一种别样的光彩，使她呈现一种高贵独特的气质。不迷茫，懂得走怎样的路才能通往自己幸福的城堡，这种有别于清纯懵懂、有别于彩色梦幻的美，是一种别样的魅力。

轻熟女大概最懂得这一点，因为已经找到适合自己并喜欢的工作，会呈现一种稳定安详的美丽；因为结束了对爱情梦幻色彩的期盼，有了更实际、更理智的看法，对身边的人更能够珍惜和容忍，即使有波折也不再随意发脾气，而是找出解决的最好方法，理解和享受爱情，使自己具备一种幸福小女孩的甜蜜；因为懂得处世方法，能够享受到更融洽的关系和情感，这种平静、平和亲切的态度，常常会有一种静穆的美丽。

心态成熟并不是看淡一切，而是在人情中打过滚，但对世俗依然存在着最纯真的热爱；对淳朴、纯真有着无限珍惜；为人处世圆融，但在亲近的人面前，在内心深处总保留着稚子的纯真。这样的女孩当然是风情无限而带着点脆弱的。在人前，她们手段圆融，热情亲切，显示着自己的无限魅力。在人后，自己心爱的人身边，她们懂得怎样展示自己脆弱的一面，偶尔撒撒娇，让人心疼起来。

成熟的女孩会无限珍惜自己，她们很少熬夜，不愿意任性地让自己迅速苍老；她们很少化浓妆，往往重视运动，保持着最自然健康的状态；她们远离可乐、汽水饮料而更愿意亲近白开水和热茶；她们很少再为了一个小小的案子而透支健康；她们不再为了所谓的爱情而伤筋动骨，痛不欲生。因为自爱而更加懂得美丽，这样的女孩怎能让人不艳羡，她们怎能不让人怜爱呢?

心态成熟的女孩不但能够让别人欣赏自己，还能够自我欣赏，因此她

们都有着无限自信。没有自信的女孩就像画老虎的时候，忘了画骨头，那些漂亮、威风、成功都是表面的，虚浮的，经不起考验的。而自信的女孩则不同，只要相信自己就会无往而不利，因此往往展现着让人无法忽视的光彩。

一个美丽女孩的背后如果没有成熟的心态作为支撑，不但美丽会大打折扣，而且更加不能长久。玛丽莲·梦露是美国20世纪最美丽、最具风情的女孩，人们称她为“性感女神”，但是她却常常做一些幼稚甚至疯狂的行为，她评价自己的职业“在好莱坞，人们愿意用一千元交换你的吻，但只愿意付五毛钱买你的灵魂”。就算事实如此，如果对职业抱着这样的想法，内心就很难得到欢乐或者平静。她对自己的评价是：“我自私、缺乏耐心和安全感。我会犯错，也常会因为在状况外而难以控制。”她对毒品、酒精严重依赖，经过数度情殇依然看不破男人的本质，一度遭遇最糟糕的情人。甚至在1961年2月，走进了心理医生为她安排的精神病医院进行最严重级别的治疗。在自杀之前，她数度徘徊在精神崩溃的边缘，最终在36岁的盛年凋落。

不得不说，梦露的凋落与她的不成熟有很大的关系，因为无法掌控自己，她甚至要疯狂自我摧毁，这就是心态不成熟酿下的苦酒，这样的女孩就算再美丽，也能够看到她心底存在虚弱阴郁的一部分。

要得到别人的爱，就首先要自己坚强起来，成熟起来，这样即使没有美丽的外表，在人们的眼中也是最值得尊重、最美丽的女孩。

世事多变，保留一份从容和淡定

女孩最难得的是从容淡定，尤其是青春年少的女子，往往激情满溢，容貌青春可人，做事更是风风火火，却少了一点理智从容的味道，少了一点面对得失的淡然，面对世事的平静，这些往往使女孩不够大度，视野不够广阔，也就不能有更多的成就。

歌手周云蓬曾经说过这样一段话："我和命运是朋友，君子之交淡如水，我们形影相吊又若即若离，命运的事情我管不了，它干它的，我干我的，不过是相逢一笑泯恩仇罢了。"从容看待世事就是把自己和别人的处境都看淡一些，不炫耀自己的富贵，也不要哀叹命运不济；看淡环境和际遇，仍然不忘记自己要多努力。

对待世事学会以平常心看待，就少了一份愤世嫉俗，少了一份自怨自艾，多了一份从容淡定。人生中的成就固然令我们喜悦，金钱固然能够带给我们物质享受，但这一切都是外在的，并不能持久。有人说，金钱多到了一定程度，再增加就只是符号的增加，而不具任何意义。

其他事情也是一样，学富五车如果不能带给你心理上的满足和自信，那就和目不识丁的人一样；信仰如果不能带给你人格上的崇高和自由，不能带给你坚定的心志，那么信仰就变成了迷信。只有掌握控制好自己的心态，保持淡定，才能用明达事理的眼光去看待一切，用智慧的手段去处理人际间的纷扰，用最有效的方法去做事，而不感到困扰。

每个女孩都有好胜的念头，都希望获得成功，在此基础上进行的一切竞争都是合理的，如果能够理解这一点，就不会有那么多的愤世嫉俗，心态自然平和了许多。淡然并不是蔑视争取和奋斗，轻视竞争，而是在过程中尽最大的努力，对待结果时却最好维持一种"成事在天"和"命中无时莫强求"的态度。看待人们的竞争方式时，采用更宽容的态度，坚守自己的原则，而不要用这些原则苛求他人。

淡然就是降低自己对物质的欲望。那些所谓的"物质女"，很少能够理解，只有最大限度丰富自己的精神世界，才能赢得更多的机遇。每天

自我归零，不断自我积累，把每一天看做一个新的起点，将自己的心空出来，才能盛下更多的快乐、智慧和幸福。

没有人生来就能够从容淡定，所谓的淡定从来都是历经磨砺过后显现出来的光华，年少轻狂是每个女孩都要经历的成长阶段，从容不需要刻意去追求，否则淡定必然是附庸风雅的装饰品。看淡得失虽然并不是轻易就可以做到，但是它作为老庄、儒家、佛家等追求的一种人生境界，向来都是备受尊崇的。

所谓“修身养性”，讲究除了为人、修身、处世的智慧，还包括达到心灵的纯洁和净化，等等。通过某些过程和反思，达到从容淡定，身心和谐完美的境界。净化心灵的过程就是将世间的种种“非常态”，通过思考和反省，找到合理的理由，化为眼中的“常态”；将一切不再看作黑白分明，而允许灰色地带。对于个人来说，就是将自己追求的一切放下，用冷眼旁观的眼光来看待自己的行为，反省自己的思想，使心灵逐渐纯净而祥和。

对于世人来说，这是一种辛苦的修炼，其实这种修炼往往带给你最快乐的结果和过程。就像“练武术”一样，开始体会到的也许仅仅是辛苦、腰酸背疼，熬过一段时间才能体会到其中的妙处，并学会充分享受这一过程。

做到这一点，首先要让自己静下来。“淡定”，首先要能够“定”，然后才能做到淡然。静心、静坐、静思，可以看一本有思想的书，练练瑜伽，打打太极都可以让人静下来，只要不是追求流行，附庸风雅，这些都是很好的方式。我最欣赏的一种境界是“无事此静坐”，类似于“打坐”，但不讲求姿势，随意坐在哪，静思或者放空大脑不要思索，都能够让人心静而喜悦。

然后学会放下。放下烦恼、沉重的事务、得失、荣辱心、世俗的评判眼光等，一切都会变得更简单。佛教说“色即是空”就是这个道理，有这样一个小故事。一个小和尚随师父下山化缘，路经一山涧，有独木桥可容一人通行。师徒在行到中间时才发现有美丽的女子相向而行，无法通过。小和尚不知怎么办才好，师傅却从容不迫，抱起小徒和女子转身后放下，三个人轻易就通过了独木桥。小和尚非常费解，问师傅：“出家人不应该戒色吗？”师傅回答他：“我早已放下，只是你没有放下。”小和尚细细思量以后，才大彻大悟。

古人云：“博学笃志，切问近思；神闲气静，智深勇沉。”要做到从容淡然需要有一定的人生体验，博学、有智慧、善思考、有宽容心，并不断磨炼。人生就是不断修身养性，不断明澈和淡然的过程。

修炼成熟心态，演绎成功人生

但凡那些成功的女性，她们往往是非常成熟的，不一定非常耀眼，但一定温润如玉，她们崇尚自爱，能爱人；眼神温润，谈吐风趣；待人亲切，处世理智，优雅而不着痕迹；偶尔天真一把，但绝不幼稚；尴尬时喜欢自嘲，即使不说什么也会让人感觉很舒服。

拥有一颗成熟的女孩心，才能缔造出成功的女孩，女孩幼稚就像男人软弱都是不堪大任的。幼稚的女孩总是充满幻想，认为运气代表一切，很少相信努力和积累的力量；幼稚的女孩可能因私废公，因为帮助丈夫或者家庭而忘记了自己的职责；幼稚的女孩永远是感性大于理性，很少运用自己的头脑，很可能在同一个地方摔倒无数次；幼稚的女孩，依赖性很强，却往往靠山山崩，靠水水流，跌得头破血流；幼稚的女孩永远只看得见身边的一切，表面的一切，很少追求事实真相，也就少了高瞻远瞩的眼光，

因此，就少了很多成功的特质。

只有内心足够成熟，性格足够坚韧的女孩，才可能凭着坚忍不拔和不断积累登上成功的顶峰。她们不会轻易相信所谓的“幸运”，因此即使当上了好运的“灰姑娘”，也会继续兢兢业业地经营自己的事业和爱情，最终凭着一点点“幸运”和无数的真切付出来铸造成功的丰碑。

李宇春一举夺取“超级女声”冠军之后，红遍了中国。她坚信“一次幸运不可能带给一个人一辈子好运”，所以她坚持不懈，苦练内功，积累作品，终于凭着勤奋和悟性，成为“中国流行文化代表”。她不断自我要求进步和突破，为此付出的努力与艰辛让人为之叹服，而其交出的一张张令人赞叹的成绩单，靠的绝不是一时的幸运。

这就是成熟女性的成功特质，她们不轻易相信“运气”，不愿意做“命运的宠儿”，更愿意相信自己亲手摘下来的成功和幸福。所以当“幸运”降临的时候，她们用努力积攒的知识、技能、人脉等开始帮助她们达到成功。人不可能永远走好运，也不可能永远走霉运，走好运的时候不要得意忘形，看看能够用这些运气做些什么；走霉运的时候也不用气馁，看看用以往积攒的东西能够做些什么，或者仅仅是默默地忍耐、等待这段不适宜任何行动的时间过去，然后又可以重新出发了。这就是一种成熟的心态。

记得经历经济危机的时候，日本的很多精英并没有急着挽回颓势或者做些无用功，相反，他们认为“平时的时候总是在忙，没有时间外出，经济危机了，好不容易有时间了，不如计划游玩一下”。在“时不我与”的时候，与其逆流而上、背时而动不妨以静制动，停下来观察局势的变动，以便能够在第一时间观察到适宜的时机。这就是“三日不鸣，一鸣惊人”的奥秘。

所以，成功者的成熟心态不仅仅包括努力，还包括沉默和忍耐，忍耐正是这个世界上最难的事情，尤其是女孩更难做到。汉文帝的皇后窦漪房，在老年的时候几乎权倾朝野，自己的皇帝儿子也不得不让她三分，但就是这个窦漪房，在年轻的时候，对于朝臣非常忍让。她的兄弟窦长君、窦广国到长安认亲，汉文帝见到两位国舅，十分高兴，分了不少田地和房屋给他们，并留他们住在长安，宰相灌婴和周勃认为两位国舅出身寒微，没有好好读书，应选择有品德的教师对他俩加强教育，以免重蹈外戚作乱的覆辙。文帝感觉自己愧对皇后，窦漪房却宽慰皇帝，说自己的兄弟应该居住在德高望重者之间，加强礼仪，并辞掉了皇帝赐给的田宅。两位兄弟不理解姐姐的做法，但是窦漪房知道以自己的身世根本无法和朝臣抗衡，直到后来窦氏家族成为汉朝的大族，她的侄子大将军窦婴，封魏其侯。兄长窦长君早死，其子窦彭祖封为南皮侯，其弟窦少君封为章武侯，可谓权倾一朝，她也成为最令人尊敬的窦太后。

可以想象，如果她不忍耐，即使为兄弟争得田宅，必被文帝厌烦，被朝臣轻视，甚至视为大敌，怎么还可能有窦氏一族的荣耀和自己的成功？

只有心态成熟了，才能重视努力和积累，才能够沉得住气，最后才可能有大的成就。成熟的心态是女孩成功的保障，是优秀的女孩必须首先锤炼的东西。

解除束缚，越成熟，越自由

毫无疑问，人们都是有着一颗崇尚自由的心，无论是“居庙堂之高”，还是“处江湖之远”，都希望自己能够活得自由潇洒，不受拘束。但绝对的自由是没有的，即使如庄子，远在山林也要被吃、喝、病、痛等俗事缠绕，何况身处红尘之中的你我呢？更何况在这个竞争日益激烈的现

代社会呢？所以说自由只不过是一种心境罢了。

自由并不意味着言行怪异、惊世骇俗、放浪形骸，当然这也是自由的一种形式。热爱自由的人很少让自己被羁绊，他们往往是随遇而安的，但并不像人们想象的那样想说什么就说什么，想做什么就做什么，因此自由的滋味也不一定像想象中那么美好。

如果为自由下一个宽容点的定义，起码要具备两个条件：首先不依赖某种东西，其次不必勉强自己去符合某种规范和规则。当然不必遵守这种规则并不意味着不必遵守另一种规则。从某种意义上来说，自由是一种选择或者妥协。比如，不想勉强自己变得“圆滑”，你就要承受“端方”的后果；又如，并不那么受欢迎，很多事情都要亲力亲为等。

虽然很多女性都向往自由，但并不是所有女孩都明白自由意味着什么：要求自由，但自由有一个前提，那就是要对自己的“自由行为”负责，因此自由不仅仅是一种权利，更多的是一种责任。封建社会的女孩缺乏自由和尊严，但是她们大都不必辛苦劳作，只要被男人养就可以了。现代的女孩相比起来是多了更多自由和权力，但同时，她需要为自己做的事情负责，为自己所有想要的东西付出代价。这也是所谓的“有得有失”吧，如果只想着享受自由，而罔顾自己的责任，既想自在又想轻松，大概要付出更多的代价。

但女孩天生有着依赖心理，无论是物质上的还是情感上的，所以，女孩要实现自由远比男人要困难得多，达到“心境自由”还有很远的路需要走。

明白了所有的自由都是有条件的，在追求自由心境的道路上就必须有取有舍，想要摆脱束缚住自己的三千烦恼丝，就要同时摆脱一些看起来很美好的东西。人的天性都是贪婪的，所以洒脱并不是那么容易的事情，男人往往为事业羁绊，女孩常常为感情伤神，自由洒脱，无羁无绊并不简单。

成熟的女孩应该懂得自由都是相对的，只有这样，才能真正享受心灵的超脱。在繁忙的工作之余，将心灵置于物外，让自己的心自由呼吸一回，欣赏一下背后温暖的阳光、屋外的天空，暂时放下那些“烦恼”和“竞争”，这样才能在复杂中感受轻松。不妨在夜深人静之时给心灵一片思索的空间，好好想想自己的人生，回忆一下享受人生的过程以及生活中的温馨片段，这一切都可以使心灵得到解脱和慰藉。

不要强求自己得不到的东西或者做不到的事情，人生的痛苦就在于强求对于自己来说是错误的东西。名利并非对于每个人都合适，当然无拘无束也并非对于每个人都合适，诗人追求功名和王子追求自由浪漫一样——前者如李白，后者如李煜——必须为自己追求的东西付出很大的代价。

看淡爱、恨、嗔、痴等情感。感性的女孩最容易为情伤神，如果增加一丝理性，对自己多一点珍惜之心，对周围人的爱憎情感有所控制，就能少很多烦恼。每个人都需要爱来滋养，但并不是爱的越多就越幸福，把这种爱施给更多的人或物——爱生活、爱自然、爱人类，将自己对某个特定人的“爱”分得淡一点，才能让双方都更加自在。

佛家有“八戒”，戒杀生、戒偷盗、戒色、戒妄语、戒饮酒等，但真正的自由之境却是“拈花一笑”，心意相通处就是佛，成熟自由的心态也是这样的不着形迹，所遇随心即自由。

无须羡慕他人，做独特自我

有这样一个小故事，乾隆皇帝继位之后，去爬景忠山，因为他很早就知道顺治帝和康熙帝与景忠山的特殊渊源，想亲眼看一看能让两代皇帝

六次登临的景忠山，究竟有何等神采，当然也不排除与两位先人一较高下的心思。中途遇到一个和尚，于是与和尚结伴同行，以对联唱和，谈笑风生，不久乾隆出了一个上联“扫除烦恼须无我”，和尚对到“各有因缘莫羡人”点破了乾隆帝的那一点小心思。

这两句话很好理解，前一句的意思是：一个人想要没有烦恼，就要摒除对物质、名利的一切欲望和杂想。当然对于刚即位的乾隆帝来说，那是不可能的。后一句话的意思是：各人有各人的缘法，个人有个人的际遇，一切都取决于个人的因果，不用羡慕别人，更不用跟别人比较。

一个人的独特之处，才是区别于他人的标志。其实每个人都有自己的独特之处，攀比才是最无聊的行为，尤其是拿自己的缺点和别人的优点去比较，简直就是自我折磨。人生大部分的痛苦、烦恼并不来自于自己的遭遇，而来自于和别人的比较。而很多女孩往往热衷于和别人比较的人，工作成果要比，社会地位要比，嫁的老公要比，孩子是否优秀也要比，结果越比越没有自信或者越比越狂妄，对自己都没有好处。尤其最过分的是，女孩要攀比要嫉妒的对象并不是比自己高明得多的、聪慧得多的人，而是自己身边与自己不相上下、同一阶层的人，如果说和最优秀的人比较可以让你变得积极向上更优秀，可这种攀比则没有任何建设性，只能引发嫉妒和悲剧，让自己更加无奈。

人们常说：“不让古人是谓有志，不让今人是谓无量。”意思即与古人、卓越的人攀比，是有志气，而与身边的人攀比则是没有度量。一个心态成熟的女孩，不会让无谓的攀比、嫉妒等情绪扰乱自己的心，她们懂得自己的独特之处，欣赏自己的与众不同，因此不爱与别人比较，这样的女孩才更有独特的魅力。特立独行让她们区别于其他庸庸碌碌的女孩，让她们在那些目光短浅的女孩中鹤立鸡群，“举世皆浊我独清，众人皆醉我独醒”这种清醒的姿态往往让她们更加耀眼。

少一些比较，将精力放在自己专注的事情上，今日种下执着努力的因，明日就能够收获成功的果实，在哪里付出努力，就在哪里得来收获，这才是各有各的追求，各有各的缘法。与他人盲目攀比，甚至盲目模仿，只能成为一个“半吊子”。

林肯的夫人玛丽·托德出生在美国南部，她的家族有着辉煌的历史，祖父参加过美国独立战争，并当过将军和州长，他的父亲在政府中任职肯塔基州银行的行长。作为这样一个大家族的女儿，他们的婚姻是不可能过于草率的，甚至彼此之间会攀比着寻找更能体现自己价值的“贵族”作为伴侣。她的大姐伊莉萨白嫁给了州长的儿子，并希望为自己的妹妹物色一个富家子弟。但玛丽自己却看上了贫穷丑陋的林肯，没有攀比，没有比较，她懂得自己选择的伴侣是一个“尽管看上去并不漂亮，但很有前途，从言谈举止中能够看出是一个伟大的人物”。就是对自己和丈夫独特之处的执着坚守，最终让她成为了美国历史上最伟大总统的妻子。

很多时候，人和人之间是没有可比性的，每个人都有自己的追求，每个人都有自己的独特之处，人和人之间之所以不同，正是因为这些特殊性。懂得欣赏自己的独特之处，懂得培养自己的个性，才能让自己与众不同，别具风采。

就像茶花女随身的装束中总少不了一束茶花被人们称作“茶花女”，而洁白的山茶更因为香奈儿女士的喜爱而成为香奈儿香水的象征。世界上喜欢山茶的女孩何其多，但谁能够像茶花女和香奈儿一样这样被人们喜爱和铭记呢？因为她们从山茶中都找到了自己，并保持了自己纯洁的本色，这种喜欢就不是单纯的喜欢，而是自己的执着追求和寄望。

女孩的独特之处正是最有魅力的地方，环肥燕瘦，各具风情；理智感性，各有所长；用自己的棱角和别人的棱角比较，然后磨平自己的棱角，磨平自己的个性，只会让自己成为“四不像”，让每一个乐于攀比的人都

变成在别人眼中毫无特色的平庸人物。只有跳出比较的怪圈，做真正的自己，然后将精力放在磨砺自己的独特之处，使之成为自己的特色，成为自己的品牌，才能让你绽放出特立独行的魅力。

戒除依赖，做独立自主的女孩

成熟在很大程度上也意味着“独立”，如果一个人始终都有“依赖”心理，或者总觉得无论自己做错了什么，都会有别人兜着，天塌下来有高个儿的顶着，他就是幼稚的。很多时候，一个人可以依赖的只有你自己。女孩对这个一定要有清醒的认识，才能过得更加快乐。

如果觉得一旦嫁了人就获得了一张“长期支票”，没有任何忧虑感，总想着依赖他人，总有一天会吃大亏的。独立才有自尊，才有尊严，才可能活得更加精彩，如果自己的命运在别人的手里攥着，还有什么自由、幸福可言。

没有经济上的独立，自由、快乐就是一纸空文，如果在经济上，在维持自己吃喝等的事情上都要依附于别人，还谈什么尊严？女孩要有自己独立的经济来源，这样才不会一朝情变，自己都活不下去了。再者，让自己随时跟上时代的潮流，让自己有几个谈得来的好朋友好同事，有基本的社交圈子，是非常重要的。

再者，“独立”不仅仅指经济上的独立，还包括情感上的独立，没有依赖心理。

现代社会真正没有工作的女孩寥寥无几，但没有自我的女孩却随处可见，归根结底就是缺少了一些心理上的“独立”。因为害怕孤独，所以寻找伴侣；因为希望别人的陪伴，希望得到心理上的慰藉，所以百般讨好伴侣；因为希望能够成为“成功男人背后的女孩”，所以将自己埋在平庸当中，活得没有自我，没有风采，这是很多女孩的现实写照。没有“独立”哪来的平等和尊严，没有尊严，哪来的爱情？那些通过讨好得来的疼宠和幸福，经不起岁月的磨砺，风霜的洗礼，甚至一段“暧昧”就足以毁掉它，这样的快乐，你有勇气追逐吗？

除此之外，精神上的独立也是非常重要的。如果你有与众不同的想法，精神世界与你周围的人是不同的，你可能会感觉非常痛苦。实际上，每个人都或多或少能够感觉到这种痛苦，如果他没有一个精神上的知己。精神上的独立就是指当你遭遇这种痛苦的时候，能够不随波逐流，不因为没有人理解而不敢坚持自我，然后任由自己沦落到和周围人一样平庸的地步。很多时候，只有精神独立，才能忍受“曲高和寡”“高处不胜寒”，才能获得别人的尊重。

宋朝才女李清照早年婚姻幸福，与丈夫唱和相随，留下诸多作品。当异族的马蹄踏过黄河，46岁的李清照惶惶之际携宝物过江之时，精神上已濒临崩溃。正是古代女性在精神上的依赖让她做出很多错误的判断，比如，将古籍文物献给朝廷，南宋尚且在颠沛之中，珍宝古籍数不胜数，又怎会看重她的那些古籍文物？最后藏品变成了一堆灰烬。出于情感上的依赖，她嫁给了张汝舟，岂料婚后不久，张汝舟就暴露出本来面目，他向李清照索要宝物，当他被断然拒绝后，开始折磨虐待她。这次李清照清醒过来，宁愿坐牢也要告发张汝舟，并与之了断了这段关系。以后多年，她独立度过了晚年生活，并写出了很多有代表性的作品，如《打马图经》及自序、赵明诚未尽的著作《金石录》《武陵春》词等。

所以，如果一个女孩没有精神上的独立，即使如李清照般才华横溢，也不过沦为庸凡妇人，为各种琐事所苦，被小人欺骗。当然，李清照的悲剧有一半要归结于那个时代，那个时代的女孩是不可能有精神上的独立的。但是，在现代这个开放的、自由的时代，大多数女孩还在做情感上、精神上的奴隶。

想要做一个幸福的女孩，首先学会独立，这种独立不是要你孤独一生或者做“单身贵族”，而是和周围的人都达成一种精神上、情感上的相互支撑。当你孤独的时候，有朋友帮你排遣寂寞，但当他们感觉孤独、痛苦的时候，你也能够为对方带去快乐，付出是相互的、地位是平等的，这样的关系才能长久，生活才能快乐。如果从经济上或者精神上依赖对方，当对方想结束这种关系时，你就会感觉格外痛苦、不适应。

善于变通，成熟女孩可以转变命运

成熟也就意味着“知变通”，古人们说：“先知做人，再懂变通，方为树人之道。”因此古人们在教导幼稚的孩童时，往往总是先讲做人的道理，道德的教育，然后才讲文章的学习，处世的经验等。从《三字经》到《弟子规》无不如此，当然道德具备，心态成熟之后，就到了讲“变通”二字的时候。

“变通”二字在字典中的含义是根据情况的不同做出非原则性的变动。知变通有什么好处呢？《周易·系辞下》记载到：“穷则变，变则通，通则久。是以‘自天佑之，吉无不利’。”意思是说往往到穷途末路时，形势与想法就会发生变化，随着思想变通，形势革新，就能够开始新一轮的往复，命运就能得到改变，命途就能够长久。

成熟的女孩要懂得变通，心态改变，态度跟着改变；态度改变，习惯跟着改变；习惯改变，性格跟着改变；性格改变，命运就跟着改变。一个想要成功和幸福的女孩，应该试着改变自己以往的做法，试着改变自己以往对于生活的态度，试着换一种态度、换一种眼光来看待周围的人和事。尤其当你过去几年的人生是如此阴暗、失败、不快乐的时候，就更要学会改变自己的心态，学会变通。

道理和规则都是死的，然而制定和遵守它们的人却是活的，因此没有一成不变的规则，也就没有一成不变的态度。懂得执着和坚持，会让你人生的道路变得更长，懂得变通，则让道路变得更加宽阔。变通常常会让你有一种“山重水复疑无路，柳暗花明又一村”的惊喜。

固执往往是一个人的天性，即使是脾气再随和的人，往往也有固执的一面。再者，当人们执着追求的时候，往往会陷入某种固定的思维模式和心态当中，即使窗外就是灿烂的阳光，只要一偏头就能看到光明，也往往会陷入自己心理中的晦暗无法自拔，只看到眼前的绝境。这时候，变通就成了生命中不可缺少的阳光，它往往让你看到执着之外的精彩，让你变换一个角度看到生命中的精彩。

懂得变通是一种心态上的成熟，能让你最大程度地避免无谓的挫败和损伤。处事圆融灵活、有弹性，随时调整自己的决定和心态，少与人为敌，兼容并蓄，处世坚持中庸之道，可以让你获得更多人的好感，减少树敌。行事不要走偏锋，不要走极端，处处给人留有余地，才能适应各种环境，与各种性格不同的人合作。不断调整自己的角色，可以让自己的心态随时都处于端正的状态，让自己的人际关系得到很大的改善。

变通并不仅仅在人际关系的领域，在工作目标甚至家庭琐事方面，也应该学会变通，只要能够达到目的，手段不妨灵活一些。如果威胁和撒娇都能够让你的伴侣分担一些家务，手段又有什么重要呢？英国女王伊丽莎白有这样一段婚姻琐事广为流传，女王和丈夫刚刚结婚不久，一天女王参加应酬很晚才回家，发现卧室的门紧锁着。于是女王站在门前敲门，丈夫问道：“谁呀？”伊丽莎白回答：“是女王呀！”门很久都没有开，她又

敲，丈夫又问，女王回答："是伊丽莎白。"丈夫还是没有开门。这时，女王似乎意识到了什么，于是轻柔地答道："亲爱的，我是你的妻子伊丽莎白啊！"丈夫这才打开卧室的门，给了她一个拥抱。

每个人都扮演着多重社会角色，有职业角色、个体角色、家庭角色等。善于变通的女孩懂得什么时候，面对什么样的人，扮演什么角色，不会将角色倒置，对不同的人用适合的手段，她的手段才不会无效，目的才能更快达成，而不致引起他人的反感。

对于女孩来说，心态的转变可能不仅仅意味着行为方式和手段的巧妙改变，更意味着一种思考模式的转变。这时候的变通，就是在感到绝望的时候，从不同的侧面想一想，在凭着直觉做事的时候，想一想有没有另一种让自己感到快乐和成功的思维方式。多做些这样的尝试，就能够让自己做人做事的态度得到根本的改变，然后让自己有一种新的、更积极更乐观的生活态度，自己的人生也就有了很大不同，也许会更加精彩。

一个人的命运是和态度紧紧相连的，善于变通，有了良好的心态，自己的命运就会朝着阳光的方向转变，才能拥有更幸福的人生。

第2章
善待一切：豁达宽广的女孩一生轻松自在

善待他人、善待自己、善待自然，有一颗善良的心才能发现天地间的美好；有一颗宽容慈善的心，才能看到人世间的温暖，并给予自己和他人温暖；有一颗善待的心，才能够更洒脱自如，悠然自得。女孩往往因为狭隘和狠毒画地为牢、作茧自缚，所以不妨往宽处想一想，人生不过百年，多一分善念，就多一分洒脱；多一分济世情怀，就多一分宽厚；少一分纠结，就多一分悠闲自信；少一分执迷困惑，就多一分得意，如此，人生何处不开怀?

善待自己，轻松前行

儒家讲究“穷则独善其身，达则兼济天下”，意思是，首先要善待自己，修养自身，然后才能做到善待他人，帮助其他人发现自身的美，施惠于众人。

只有懂得自我珍惜，善待自己，女孩才能懂得如何爱人。很多女孩不懂得珍惜自我，只是一味付出，结果享受这些付出的人，把女孩这种付出当做了理所当然，却不知道珍惜她。其实，这并不难理解，想一想，一个光彩照人的美人和一个蓬头垢面的女孩，哪个更能得到男人的怜惜呢？一个懂得生活情趣、懂得享受的女孩和一个满腹牢骚、不停抱怨的女孩，哪个更受欢迎、更能给别人带来欢乐呢？一个快快乐乐的女孩和一个愁眉苦脸的女孩哪个更能引起人们的好感呢？无疑是前者，一个讨人喜欢，受人尊重的女孩，不但自己是快乐、美丽的，而且能让其他人内心充满愉悦。

在某种程度上来说，善待自己也就是善待他人。你的微笑常常能使周围的人快乐，你的快乐往往感染周围的人，内心愉悦、精神饱满、谈笑自若的人往往身边聚集大群朋友，让自己和朋友时刻生活在幸福欢乐的好气氛中。一个女孩要怎样善待自己呢？

首先要善待自己的身体。身体健康是幸福的本钱，人们所崇尚的美也往往是健康的而非病态的。保持规律的作息，起居有常；生活保持一定的节奏感，劳逸结合，张弛有度才能够更加健康。很多女孩都喜欢熬夜，工作或者娱乐往往到凌晨才会休息，甚至通宵熬夜，这样不但对健康有损，也对工作和生活无益。另外，饮食无规律、不重视膳食质量或者因为瘦身过度节食，都能引起健康问题。重视运动，每天保持一定的运动量，才能将身体状态始终保持在巅峰状态，而不要在休息日“恶补”，过度运动对身体也是有害的。保持清洁，干净的指甲和头发、整洁温馨的家居环境都有利于身体健康和内心的和谐。

善待自己的形象。好的形象有利于好的心态，如果平时邋里邋遢，不但不受人欢迎，自己在社交中也会渐渐变得自卑，不利于自己的心理健康。化一个淡妆，穿一套适合自己的衣服，做一个适合自己的发型，搭配一些时尚的小饰品都可以让你更加美丽。当然，在家里也要注意形象，不要穿着睡衣拖鞋、蓬头垢面在家中摇晃，一套舒适的家居服、平底鞋、顺滑的披肩长发可以让你看起来更让人怜爱，更亲切。

善待自己的精神世界。常常做一些让自己精神愉悦的娱乐活动，比如听音乐、阅读、跳舞、打球、插花、茶艺等，不但可以提高自己的修养，更可以让自己的内心世界更加丰富。不要一天到晚泡在肥皂剧中，那会让你的精神更加空虚，偶尔也可以玩一点刺激的电玩或者充满童趣的游戏，这会让你的生活充满趣味，但是不要迷恋其中。不断提高自己的文学和艺术素养可以让你的社交更加顺利，让你的交往层次更高，让你的精神世界更充实。如果没有这方面的经验，可以从参加某些俱乐部开始。

最后要善待自己的心灵。心的善恶、苦乐要靠自己的努力调节。保持乐观、善良、平和的心态是难能可贵的。遇事能够往好处想，积极应对生活中的一切烦恼和挫折，可以让你更乐观向上，让你的生活充满阳光。随时洁净自己的内心，可以让你维持一份“童真”，一份善良，让你在圆融处世的同时，保持一颗“赤子之心”。看淡名利得失，维持平和的心境可

以让你少很多烦恼，多一份从容，多一份自由。

给自己一点时间，看自己想看的书，做自己想做的事，静静想自己的心事；给自己一点钱，买自己想买的衣服，喝自己想喝的咖啡；给自己一点心灵的空间，做一个敏感真实的自己，想哭就哭，想笑就笑，有一点自己的隐私，有一个知己，有一个栀子花开时的暗恋，都让自己的世界更轻松愉悦。

女孩，就是要学会宠自己、爱自己，只有学会善待自己，才可能奢望更多的人爱你，尊重你、你才能活得有自我，活得轻松自在，活得更加精彩、更加充实。

女孩善待他人，拓展自己的心胸

唯有心胸宽广的人才能够善待他人，唯有学会善待他人，才能够让一个女孩的心胸更加宽广。有的女孩生来善良，对于弱者总是充满怜悯，因为善待他人，眼界会更广阔，看得更深远，心胸也更广阔，这样的女孩总是豁达而有情怀，她们的人生总是因为善待而更多姿多彩。她们会因为非洲难童而落泪，因为关心战争与自然灾害中的遇难人群而心痛，她们既有自己小日子中的对于身边人与事的关怀，更有济世情怀，因而更加伟大。

著名的电影演员赫本给女儿的遗言中写道：“若要优美的嘴唇，要讲亲切的话；若要可爱的眼睛，看到别人的好处；若要苗条的身材，把食物分给饥饿的人；若要美丽的头发，让小孩一天抚摸一次你的头发；若要优美的姿态，记住走路时行人不止你一个。”赫本认为善待和重视他人会使得一个人更加美丽，有了品格的高贵才有仪态的优雅。这是赫本晚年在联合国儿童基金会做慈善工作悟出来的道理，一个女孩只有自己本身是真诚的，品格是善良的，肯付出，肯关心和善待他人，才能从骨子里透出一种高贵。

而只看到自己身边的琐事，只关注自己的利益和情感，未免失之狭隘，这样的女孩，就算再美丽，也透着一股小家子气，难登大雅之堂。虽然并不是每个女孩都有机会成为慈善家，成为有济世情怀的大人物，但每个女孩都有机会关心、善待周围的每一个人：同事偶尔的失落、朋友的落魄、邻居的麻烦、陌生人的求助等，愿意帮助他人，愿意宽容得罪你的人，愿意善待小动物、关注大自然，这一切都可以让你的心胸更加宽广。每天读读报纸，看看新闻，当遇到灾难发生的时候，尽自己的一份力量；关注国际社会，并从身边的小事做起，都可以让你的心胸变得更加开阔。

善待他人不仅仅包括救助他人，还包括帮助别人提高她们的修养，帮助其他人发现她们自己的良善之心。救助一个人，只能使一个人得到好处，而让一个人意识到人应该是善良的，应该秉持着一颗善心做事，他就会把这份良善传给更多的人，让更多的人受益。古人们喜欢著书立说，就是想把自己的思想传给更多的人，让更多的后世人也受益。这是更大的善良，这种恩惠会惠及子孙后代。

身边有各种“抱抱团”，用拥抱将人们的善意和热情传递给陌生的人们，把自己的善待之心、善意展现给更多的人，这也是另一种意义上的善待之心。如果能够用语言，用各种形式，让人们发现自己的“良心”，羞愧于自己和社会的“冷漠”，多一点爱心，多一点善良，未尝不是社会的进步。

一个女孩同时也是一个母亲，一个妻子，将自己的善待之心传递给你的孩子、丈夫、同事，并不是一件很困难的事情。记得三毛曾经记述过这样一件事情，当年她去美国工作没多久，因工作不顺利，她的去留成了大问题，前途渺茫让她很沮丧，就在这时，一个素不相识的金发青年送给她

一支碧绿的青草，并且说："微笑，就这个样子，更快乐一些……"文章的最后写道："很多年过去了，常常觉得欠了这位陌生人一笔债，一笔可以归还的债:将信心和快乐传递给另一些人。将一份感激的心，化作一声道谢，一句由衷的赞美，一个真诚的笑容，一个鼓励的眼神……送给似曾相识的面容，那些在生命中擦肩而过的人。"

把最后这段话记住吧，它将使你更加明了善待他人最大的好处，将有助于所有美好的东西广泛传播。

慈爱宽厚，心胸宽广，自在幸福

宽厚的女孩理当幸福，因为她们有一颗包容之心，无论是别人的错误还是自己的失误，她们都能够包容，能够原谅。她们不斤斤计较，不睚眦必报，不因为一点点小事自己和自己过不去，因为想得开，想得宽广，所以不会因一点小事而郁闷生气，因为"宰相肚里能撑船"，往往把烦恼和不快抛在脑后，更能够获得快乐的心境。

女孩要拥有广阔的胸襟，对于可能引起自己烦恼和痛苦的事情，能够视而不见；不胡乱揣测，不要胡思乱想，就会少很多烦恼。比如，当别人批评我们时，如果我们有一颗宽容的心，就能够心平气和地审视自己。这时你就会发现，别人的批评其实是一片好心。但如果我们以敌视的眼光看待别人，对周围的人处处提防，最终会因孤独而陷入忧郁和痛苦之中。生活就是一面镜子，你笑，它也笑；你哭，它也哭。

你善待生活，命运就会善待你，你宽容他人，他人就会宽容你。所以宽厚慈爱的女孩往往能凭着自己的宽厚广结善缘，日后需要帮助时，也极容易获得别人帮助。而对他人刻薄的人，往往被心胸狭隘者记恨，在自己危难时，也许就会有人落井下石。尤其对于年长一点的女性，更要待人宽厚，年轻女孩的刻薄如果可以看作一种个性的话，年长女孩的刻薄极可能被人评价为“苛刻、恶毒”，会给人留下坏印象。所以就算从现实的层面上来讲，女孩也要学会拥有博大的胸襟，不要斤斤计较，要小心眼。

善待他人不仅仅是帮助一个人那么简单，帮助别人很容易就能做到，善待他人还包括宽恕得罪你的人，善待自己不认识的人，尊敬自己不喜欢的人。因为性格或者习惯的原因，很多人可能一见面就无理由地讨厌某个人，讨厌某种说话的语气或者声音，讨厌某种姿态，并不因为他是否得罪过自己。对于这种和自己有“敌对气场”的人，不理对方难免显得小气，而勉强相处又管不住自己的脾气，这时候就需要一个人的克制和忍耐。能够尊重自己讨厌的人，本身就是一种美德。

很多时候，宽容别人也是在善待自己，曾听过一个小故事，在美国的一个市场中，一个中国女孩的生意特别好，引起了其他人的嫉妒。于是很多人都会有意无意把垃圾扫到她的摊位跟前，这个女孩却并不计较，只是宽厚地笑笑，把垃圾扫到摊位角落里。旁边摊位的女孩忍不住问她为什么不生气，她告诉那位外国妇女：“在中国，过年的时候，大家都会把垃圾扫到自己家里，垃圾越多代表赚的钱越多，你看我的生意不是越来越好吗？”果然不久之后，那些垃圾就不再出现了。这个女孩用自己的宽容，把众人的嫉妒和诅咒变成了对自己的祝福，也为自己创造了一个和谐、融洽的人际环境，人缘自然越来越好，生意也会越来越兴隆。

中国人常常讲究“和气生财”“买卖不成仁义在”，实际上也是一种宽厚待人的处世方法。有句话说得好“幸福并不取决于财富、权利和容貌，而取决于你和周围人的相处”，和周围人相处得好，自然大家都心情愉悦，社交本来就是人类满足自己心理需求的一部分。如果和周围人相处不好，自己的社交需求得不到满足，就算取得多大的成功，也不免感觉内

心的空虚。成功的时候没有人为你鼓掌，没有人真心为你感到高兴；沮丧的时候没有人安慰你；喜悦还是伤感都没有人捧场，这样的情形怎么会不令人沮丧？这样的人生怎么可能得到幸福？

幸福需要与他人分享，好的人际关系是第一步，而胸襟宽广的人往往人际关系都比较和谐，并不是她周围的人有多好，而只是她够宽容，容得下别人的缺点，不刻薄，所以才有更多人愿意聚在她身边。

很多时候宽厚对待他人，也就是善待自己，禅语说："宽恕他人的过失，是一个人的荣耀"，其实不仅仅是自己的荣耀，也能够使自己的心态更加平和。如果你以宽容的态度对待一个人的行为，你就不会为别人小小的挑衅而生气，遇事淡然一笑，自然就少了很多烦恼。很多时候，跟别人生气就是在为自己找罪受，气到你的人自然不可能因为你的怒气而得到快乐，而你本人何尝不是如此？难道一个人能够从自己的怒气中得到好处吗？没有人能够从怒气、仇视、嫉妒这些负面情绪中得到什么正面的经验，那么，何不尝试着宽恕他人呢？起码，自己不会因为怒气而伤害自己的身体和心情，这何尝不是对自己的一种善待？

善于发现美，生活处处有精彩

雕塑大师罗丹曾经说过："世界上从来不缺少美，而是缺少发现美的眼睛。"拥有一双能够发现生活中美丽、善良、温暖的眼睛，人生才能够时时处处精彩。其实，生活时刻给我们奇迹和惊喜，只不过我们过于麻木和迟钝，不懂得珍惜，不懂得欣赏和享受而已。

每个人都有一段无忧无虑的学生时光，可是莘莘学子，哪一个能体会到时光的美好？在年轻时，我们总觉得读书的时光多么枯燥无味，女同学脸上的青春痘太多，长得太胖，男同学不够帅，老师太啰唆，太苛刻，总爱盯人。走上社会我们才发现：有一个人愿意像老师这样唠叨你，是一件多么幸福的事；有同事愿意坦诚相待，是多么难得的事；有时间读读书，打打篮球，是多么可贵。难道总是要等到失去以后，才能够体会到拥有时的美好？试着用一双慧眼、用一颗感恩的心来体会当下的美好，来感受今天，细细体会某些无法言喻的温馨时刻，才是我们珍惜生活的最好方式。

沐浴清晨的第一缕阳光，体会父亲母亲殷勤期待的目光，感受孩子小手温柔的抚摸，享受和爱人相守的美妙时光，珍惜每一次吻和争吵，看望每一个想去看看的老朋友，向你爱的人说出你的爱语，这些都将为我们的生活带来全新的体会。每一天都是新的一天，生活的过程就是用心体会，并表达自己独特感受和情感的过程。很多时候，很多东西不用去刻意地寻觅，生活会给你无限的惊喜，但是如果你不注意身边的细节，很多美景就会从你眼前消失。

热爱生活，用心细细体味，才懂得身边的一切多美妙。热爱生活的女孩要让自己拥有一颗敏感的心，时时刻刻去感受人生中的美妙时刻。每天从甜甜的梦中醒来，闻一闻空气中散发的爱人的气味；慢慢喝一杯水，感受水的清甜和慢慢入喉的温润感；看一看窗外的阳光或者细雨，听一听清风的声音；舒展一下肢体，感受肌肉从酸软中醒来的那种轻松微妙的感觉；闻一闻早餐的香气，白瓷餐具在桌上闪光，细白的牛奶在杯中慢慢伸展，倾倒造成的泡沫一个个爆破开来。一个再普通不过的清晨都有这么多美妙的事情和体验，只要你有一双发现美的眼睛。

花开的四季，视听盛宴的音乐会，澎湃人心的庆祝晚会，狂热的舞蹈，梦想成真的刹那感动……都能够带给你全新的感动，不要因为感受的次数多了，就产生视听上的审美疲劳，生活中那些最平凡的事情，最细微的感动，正是一个女孩幸福的来源。如果不细细感受，你会失去很多人生

乐趣。懂得生活之道，能时刻于世界中自得其乐，人生就成了趣味无穷的旅程。

世界上最珍贵的东西往往来自最平凡的人的给予，一个人的亲情，一个人的感情和心灵，一个人的生命和健康，一个人的幸福和快乐，一个人的人生和事业，一个人的人格和尊严，这些东西都来自于周围人的肯定和赞扬，父母、手足、朋友、爱人……自己在他们每个人的人生中都是最珍贵的人，能够珍惜这些情感，适时向他们表达你的情感和感激，都将带给人生更多感动。

很多令人感动的细节总是存在于最琐碎的事情当中，看不到光明的人是可悲的，如果不关注别人的微笑和善意，你的世界就会一片冰冷。

让你的眼睛时时刻刻捕捉生活中最细节处的体贴和温馨，最细微的美丽和良善，就像画家捕捉光和影一样敏感，你就会对世界了解更多，增加更多感动，你的生活也会因此更精彩。眼睛能够看到色彩，生活才更丰富；心灵能够看到真、善、美，内心才更纯净愉悦。

拿得起放得下，才能洒脱自如

人生的很多困扰其实来自于一个人的执迷不悟，有时候，说不清为什么，人就很容易陷入某种纠结的状态，很多时候一定要某件事情有个结果才能罢休，即使这个结果并不尽如人意。

很多女孩都很容易陷入这种状态，无论是工作，还是感情或者其他事情。读书时，曾读到这样一句话“执着太甚，便成魔障”，一个人的执念、纠缠往往给自己带来痛苦，也给周围的人带来不便，陷于某种情绪不能自拔，最后的结果往往就是把自己的生活弄得一团糟。凡事只有看得开，不要过于执着，拿得起，放得下，当断则断，才能够洒脱自如。

在某部电影中，有一个女配角，她为了升职，千方百计怂恿主角和老公出去度假方便要一个孩子；然后顺理成章揽过了女主角负责的项目；后来又拼命加班，一定要做出更优秀更好的项目；为了和上下级打理好关系，在怀孕时还照样应酬和负责工程项目，结果呢？她因为在工作上过于费心力导致孩子流产了，因为流产假期导致自己负责的项目泡汤了，鸡飞蛋打，不但失去了孩子，失去了升职机会，还失去了与女主角的友情。这是一个典型的因为执迷于一件事而导致生活变得一团糟的案例。在剧中，面对女主角的质问，她变得歇斯底里，几近疯狂，因为过于执迷，几乎让自己绝望，值得吗？

生活中大概很多女孩都曾经陷入过这种魔障，为了升职、为了某个辜负自己的男人、为了和某个人一较上下，常常会使尽手段，用尽心力甚至会纠缠不清，而结果呢？往往回头看去才觉得自己那时的行为荒诞不经。过于荒谬和执着，上蹿下跳不过引来别人的嘲笑和白眼而已。一个人只有自己才能解脱自己，无论别人怎样劝说，怎样开解你，只有自己的心锁开了，才可能接受别人的意见；只有你不顽固于自己心中的执念，换种想法，回头看一下其他的路，才能从困扰自己的事件中解脱。

禅语说："苦海无边，回头是岸"，可在执迷不悟的当时，又有几个人能够回一下头，仔细思索一下，从而大彻大悟呢？多数人不过是在烦恼的苦海中继续沉沦罢了。人生想要活得更加洒脱，就应该从那些无益的羁绊中解脱出来，避免"当局者迷"。当你因为某件事情，花费了过多力气和精力的时候，不妨想一想，这件事情结局最好能够达到什么程度，为此花费这么多的精力值得吗？如此想一想，就会减少很多的执迷不悟，多一点通透，多一点洒脱。

有一个朋友因为一时意气陷入了一场官司，多次庭外调解都得不到圆满结果，并非对方不能达到他提出的条件，而仅仅是因为他希望法律判定他才是正确的，从而拒绝接受法院的协调。结果官司打了两年多，他却并没有从中收获多少好处，还树了一个敌人。一件事情往往没有对错之分，秋菊打官司，求的是一个说法，很多时候生活中的事情并不像我们想象的那样是黑白分明的，从法律上，也许能够得到公正，但肯定不能得到和谐和绝对的公平，更不可能得到安心。

使一个人安心的是他对待生活的态度，而绝不是对一件事情的执着，很多时候，纠缠于某件事，会让人精疲力竭。如果那位朋友肯想一想，官司就算打赢了，他就真正获得了人们的赞誉吗？对方就会真正认为公理站在他那边吗？赢了别人，他真正能够安心吗？为了这些，值得两个家庭付出那么多的精力吗？如果真的肯想一想，接受别人的劝解，也许结果会好一点，起码对立关系不会太严重，节省彼此的精力。

工作中的很多事情都需要执着，不执着就无法成功，生活中我们却要少一些执着精神，少纠缠于一些小事，尽量不要因为意气而执迷不悟，苦苦纠缠。只有这样才能生活得更加洒脱，人生更加得意，很多时候，不执迷也是在善待自己，无论是为了权力、地位金钱而苦苦追求，还是为了感情而反复纠缠，为了一时的意气之争浪费大量精力，都是不值得的，很多时候执着太甚，过于主观、固执就容易扭曲一个人的心态，使之陷入“偏激”“偏执”，影响身心健康。

善待自己，放弃固执地坚持，也许你会收获更洒脱的人生，当你为某件事情焦头烂额，不断苦苦纠缠的时候，不妨读一些禅语，迅速解脱出来，才能使生活更和谐，更幸福。

接受现实，女孩别为难自己

女孩往往喜欢追求完美，然而现实并不完美，完美只存在于艺术和概念当中，接受现实的不完美，接受自己和这个世界的残缺，女孩的内心才能强大起来。接受现实当然并不意味着屈服于现实，消极沉沦。人们常常对“接受现实”做出消极的阐述，所以内心深处往往嫌恶这种念头。事实上，接受现实包括另一层智慧和含义，即不管现状如何，都不会有无谓的愤怒和怨恨，专注于自身的责任和努力，不做毫无意义的对抗。

很多人之所以那么痛苦和烦恼，就在于毫无意义的比较和对抗，比较让一个人产生烦恼，对抗让一个人更加痛苦，尤其是无意义的对抗，比如，对于世俗不公平的抱怨，对于别人成功的嫉妒等，这些负面情绪会让你痛苦，让你感觉自己的无奈、无力，其实这种反抗犹如“蜉蝣撼树”“螳臂当车”，对于现实中的不公现象没有一点点影响；受影响的，只能是自己的心境。

接受现实的不完美，不做毫无意义的抱怨，因为再多的抱怨也不可能让世事变得完美无缺，埋头做自己的事情，专注于自己的责任，则可能让自己的生活相对完美一点。陈道明曾有这样一句名言：“我无奈于这个世界，这个世界也无奈于我！”这是对这种状态最好的阐述，不求整个世界都完美，但是缺陷绝不出现在自己负责的那一部分，自己绝不为世俗改变自己的原则。

女孩不要为难自己，更多的时候，是不要因为别人，而看低自己；不要因为现实的残酷，而对自己残酷。对自己好一点，就是不要用个人的力量和整个“大势”对抗，更不要只看得见阴暗面，永远生活在抗争之中。不妥协，并不意味着一定要一味对抗，忍耐和积蓄力量，对自己负责也是一种好的生活方式。

再者，女孩不要过于追求完美，要允许自己犯错，允许自己做的事情有缺陷，有错误给自己改正的余地，对自己不要太严苛，给自己留一点点余地，就是在善待自己。人们常常说“理想很丰满，现实很骨感”，实际上无论你怎样努力，永远都做不到让自己的成果百分之百跟自己理想中的一样，总是带着点儿不满足，或者因为技巧不足以表现自己的思想，或者因为某些意外。总之，就算艺术大师对着自己最满意的作品，也会生出某些遗憾，何况是一个平凡的女孩？

不要对自己做事的过程和结果都吹毛求疵，允许自己留下一点点缺憾；出现某种失误，不要过于自责，给自己一些机会；对于自己不喜欢的事，不勉强自己去做，这就是对自己好一点的方法。不要为难自己，不要勉强自己去追求完美，尤其是在现有条件还不具备的时候，“谋事在人，成事在天”，让自己去符合“大势所趋”才能更容易成功。

接受现实当然并不代表认命，而是要学会不做无谓的挣扎，而做有用的事情。敏大学毕业之后，走上了求职之路，但人才市场的激烈竞争很快告诉了她现实的残酷。因为她在一个二线城市上学，在这里更讲究的是“人情”“关系”，对于家在异地，没有任何门路的敏来说，根本不可能找到一个和自己专业对口的工作，她也不想找一个和专业毫无关系的工作应付生活。遇到这种事，更多的女孩喜欢怨天尤人或者向男友发牢骚，向家人抱怨。但她并没有这样做，而是选择用自己的所学专业，在网络上做一些设计工作，积攒一些经验后，自己开了一家创意设计的小店，很多用过她设计的人都专门找到她的小店来光顾。这样另辟蹊径的例子举不胜举，而只有接受现实，才能在窄窄的甬道中找到人生的出路。

还有很多女孩，她们实现梦想的第一步，就是为自己找一个可以帮自己实现理想的“王子”，他们不必英俊，也不必爱得死去活来，却一定愿意在金钱、精力、经验等方面帮助她，这也是一种对自己好的方式。

梦想很美好，现实也很残酷，人迟早要接受现实，因为只有在现实的土壤中扎根，才能开出美丽的花朵，给出理想的果实。美好的理想如果不能在现实中扎根，迟早会夭折，女孩要善待自己，就不要做“灰姑娘”的美梦，而是要认清现实，对自己好一点，善待自己，人生才能更加美满。

放下过去，开启新的人生旅途

明朝大学者曹臣的著作《说典》中有这样一个小故事：东汉大臣孟敏，年轻时曾经做过卖甑的商贩，一次，他挑甑的担子不小心掉在地上，把甑摔碎了。孟敏却头也不回地扬长而去，有人问他：“甑坏了多可惜啊，怎么不看看呢？”孟敏坦然答道：“它已经坏了，再为之可惜，又有什么用呢？”

美国也有名言“不要为打翻的牛奶哭泣”，东西方的智慧异曲同工，都在向我们指出已经完结的事情，无论是好是坏，其结果都无法改变，为此而内心纠结，是最没有益处的。现在你用来后悔的时间，迟早有一天也会后悔今时今日的所作所为，以及所苦苦烦恼纠缠的东西。属于往事的那些纠结情感，那些黯然嗟叹，女性朋友们，从此刻起就把它忘了吧，要知道“逝者已矣，来者可追”，哀叹是最没有意义的事情，既然过去的没有抓住，就抓住现在，抓住将来的吧。

古人说“抽刀断水水更流”，由此可见，时间、世事不会因为我们的泪水而停留，怜惜现在，怜惜眼前时光，就是我们唯一能做到的。也许斩断往事并不容易，因为现在就是往事的延伸，而且一定会延伸到明天去，那么不再流泪，向明天看去，总会是简单一些的吧。

从现在开始，做一些事情，一些无关紧要的事情，整理一下散乱的行

囊，为明天上路做好准备；梳理一下头发，给自己一个全新的形象；懒懒地睡一觉，让精神放松一下；笑一笑，给自己一个好心情；跑跑步，大口呼出心中的浊气；大声喊叫一次，把往事的烦恼抛出九霄云外；做一些小小的改变，充实自己的生活。

然后看一看前面，有什么事情等着你去做，有什么梦想等着你去完成，有什么新鲜的目标，等着你去追逐。明天的一切才是至关重要的，因为它决定着你将来是怎样活着的——是卑微地活着，还是有尊严地活着；是庸庸碌碌地活着，还是清醒地活着；是过着无聊困顿的生活，还是过着生机勃勃、充满趣味的生活；是单调平凡地活着，还是五彩缤纷地活着。今天的行动和规划，决定着你明天的生活方式和生活品质，决定着你的人格尊严，你未来的成就。

踏上新的征途，这种想法本身就代表着一种希望，一种新的生活方式。陶渊明告别了阴暗官场，决定归隐，踏上回家路的那一刻，就成了一个纯粹的农夫和诗人，所以他的笔下才出现了那么美丽的桃源景象，那么多清新质朴的诗词，既然不能“猛志逸四海”，那么何不“性本爱丘山”“复得返自然”？李白在官场郁郁不得志之后，才开始遍访名山，“五岳寻仙不辞远，一生好入名山游”，有了无数豪迈洒脱的诗篇，有了斗酒诗百篇的人生。苏小小放下了在松柏前的痴情誓言，仗义资助鲍仁，才成就了自己一代“侠妓”的名声。

向前看，才有未来，踏上新的旅程，才有新的生活。人的生活不是一条路，永远通向一个方向；而是一片领域，当你决定踏上新的路时，你的眼前会越来越宽阔，你的领域会越来越广，你是自己人生的主宰，而不是任凭宰割的牛羊。

把过去割断，把绳索割断，就有一片宽广的未来，“踏上新的路途”并不只是一句话，而是一种行动，当你把懊悔的眼泪拭去，新的路就展开在你面前，当你斩断纠结的往事，就有了向前的勇气。至于向哪个方向走，怎样坚持着走下去，则是接下来的问题。

现在就清理一下你脑中的想法，想一想自己想要一个什么样的人生，为了这样的人生，自己能够付出什么？需要多少时间？得到的一切是否能够让自己更加满足？是否能够让自己有成就感？是否能够让自己更幸福？那是自己真心想要的吗？想清楚了自己到底想要什么，再努力起来才更有方向感，路径也更清晰。

放眼于未来的东西，才可能得到更美好的未来，执着于未来的、有希望的东西，才能让自己充满希望，充满追求和热情。痴缠于已经逝去的，对着既成的事实后悔，对于未来毫无好处，也许唯一的好处就是吸取过去的惨痛教训，从中得到经验。

现在就踏上新的路途，创造一种新的生活方式，找一种新的活法吧，创造一片新的前途吧。

恬淡悠然，无须纠结于困惑

有句名言“不怕事情复杂，而怕内心纠结”，这世界上最可怕的不是事实的残酷，不是面临的困境，而是纠结万分的内心。如果在内心深处能够不纠结、不困惑，顺其自然，从容自如，那么，无论遇到什么事情都能够顺利化解，悠然自得。

曾经看三国，面对最难缠的老对手司马懿，马上就要烧死在山谷之中，忽然之间一场小雨让自己所有的谋划归于一空，面对这样的结局，平常人大概要恨恨不已，而诸葛亮只是仰空长叹一声：“谋事在人，成事在天！”就此抛开，重新再来。最令人叹服的，不是他的智谋之术，而是他

这种无论在什么时刻，内心都能如自己在躬耕于南阳时一样，顺其自然，从容自得。因此面对他七出岐山时的执着，不免嗟叹。

女孩想要洒脱，就要看得开，放得下，不困于心结，才能悠然自得。想一想，这世界上有什么自己放不下的呢？你看重的东西真的有那么重要吗？值得用自己的全部去换取吗？痴到无望就会寂寞成伤，无论何时，给自己留一点希望，留一线光明，最糟糕又能怎样呢？不过换一种生活方式而已，不过从头开始而已，有什么大不了呢？古人有穷一生之功七十岁成一书，刚成书，当夜被盗，后花费十年时光，再次成书的老者，难道今人反而不能？

放得下，不困惑，才能解脱自己，人生才能洒脱得意，陶渊明因为不愿为五斗米而折腰，挂冠而去，照样做个优哉游哉的农夫，我们又有什么值得挂怀？生活方式有多种多样，每个人都有自己的活法，失去了一种活法，为什么不能跳出来，寻找另一种活法？人其实和笼子里的鸟儿一样，习惯了被人喂食，常常就忘掉了自由，对外面的生活产生了恐惧，忘了自己还有更好的活法，不被逼到一定程度，想不到另一种沐风栉雨的活法是多么快活、多么自在。

曾经听别人说起，一个中年妇女，因为和丈夫离婚，始终心中郁郁，觉得："我对他这么好，他怎么能这样对我呢？"一时苦，一时恨，一时怨，绝望灰心，得不到被抛弃的理由，只觉得男人太绝情了，自己已经四十岁，还有什么更好的将来，人生灰暗，自己活着有什么意思，于是割腕自杀了。幸而，女儿回家看到，于是女人被救回来，想一想自己一个已经死过一回的人还有什么放不开，连命都可以不要，还有什么想不开的？

她开始忘掉过去，重新生活，原来她不过是一个家庭妇女，整天忙碌于伺候公婆劳碌于家务的她，放开了一切反而轻松多了。她开始和女儿一起参加国画班，画出的荷花清新脱俗，令人见之忘俗；开始学吹箫、练瑜伽，拾起了很多年轻时的爱好，这时才醒悟过来，原来年轻的时候，自己向往的就是这种生活啊！什么时候走着走着把自己最初的梦忘了，以为自己得到的就是最好的呢？什么时候自己开始死死攥着一束粗麻绳，而对面前的仙境视而不见呢？

人啊，常常以为自己拥有的就是最好的，就算已经离去还常常攥着不愿放手，常常为过去的事情而困惑，而痴缠，其实能够缠住自己的不过是自己而已。每个人身上都有一把“捆仙索”，这个“捆仙索”，有时候叫作“家庭”；有时候叫作“爱情”；有时候叫作“儿女”；有时候叫作“名利”；有时候叫作“前途”。因为捆的时间长了，就忘了这道索，以为被捆着就是常态，一旦松开反而不适应（儿女开始离家上大学，父母多少也会失落的）。如果始终被捆着，也是一种幸福，如果不小心或者幸运地被松开了，也不必懊恼，更不用纠结困惑，顺其自然，换一种活法罢了。

这世上多痴男怨女，所以很多人都不快活，所以很多人整天忙忙碌碌，以为自己充实了，回头一看总有茫然空虚处，不静下来是感觉不到的，如果上天给了你一个困境，也许就是在给你一个机会，一个“脱困”的机会，让人生活得更真实、更自我的机会，为什么不好好珍惜呢？

第3章
调适心境：智慧女孩勇于从逆境中找到出路

逆境给人最大的打击，会使人意志颓丧，情绪崩溃。人生随时可能充满阴霾，只有时刻警惕，提前预防，学会在逆境中为自己加油，在逆境中自我成长，才可能战胜困难；只有懂得忍耐，才能迎来契机；而只有善于挑战自我，才能最终破茧而出。打败一个人的，往往不是对手而是自己；困住一个人的，往往不是外界，而是自己的心。学会在逆境中泰然处之，才能拥有突破逆境的大智慧。

活出骨气，你不是弱者

女孩不应该以弱者自居，面对人生的困境要有克服的勇气，这样才能活得有尊严，有骨气。能屈能伸，懂得进退，但绝不委曲求全，在逆境中可以退让，可以认输，却绝不被击垮，这就是女孩的尊严和骨气。有了这种骨气，你就决不会是一个“弱者”，即使被暂时的逆境困住，也可以从中解脱出来，保持自己的独立和尊严。

如果以弱者自居，你就永远是一个弱者，如果感觉自己可怜，你就是一个可怜虫。女孩绝不是弱者，她们只是外表柔弱，其实内心充满韧性，她们更相信“留得青山在，不愁没柴烧”，更相信保存自我终能成功。

女孩的独立和尊严向来是自己从奋斗中取得的，而不是别人的赐予和施舍，你觉得自己是个强者，你愿意向逆境挑战，就已成功了一半。并不是所有女孩都愿意走出“弱者”的蜗牛壳，靠自己来克服困难，很多女孩遇到逆境，首先想到的就是找一个强大的靠山，给自己安全感。其实，多强大的靠山都不如自己来的可靠。暴风雨来了，女孩就像小鸟，始终想找一片可以避风雨的树叶，可是所有的树叶自己都在躲避风雨，都在暴雨中摇摇摆摆，哪能够顾得上她们？不想做弱者，就要学会为自己建一个温暖的巢穴，无论风来了雨来了，自己都可以抵挡。

相对于男人来说，女孩的确不够强大，无论是体力、精力、意志力都要比他们略逊一筹，但女孩天生对危险有更敏感的感受力，因此很少把自己陷在绝境之中；女孩性格柔弱，但很少以硬碰硬，说话做事都更委婉，遇到困境也往往能够适时低头，而且更有韧性和忍耐力。所以，完全不必以弱者自居，用“柔弱”来博得别人的同情，取得倚靠。

女孩也可以自己克服困难，可以求援，可以要求别人的帮助，但一定要付出适宜的报酬或者代价。而不要以为别人对于“弱者”的帮助就是理所当然的。如果你理所当然地享受别人的帮助，那么别人就会理所当然地看不起你。

女孩以弱者自居时间长了，往往就会习惯别人的照顾和同情，这样就会真正失去“自己飞”的能力，变成真正的弱者。就算是最凶猛的老虎，待在动物园里被人照顾个四五年，当它重新回到丛林里，去和野生的老虎相处、争食，去撕咬打斗，恐怕就会毙命，更何况是处在竞争如此激烈的人类社会呢？这次依靠别人的救援渡过了难关，那么下一次呢？永远有人会施救于你吗？谁是弱者，谁就将失败，没有立足之地，女孩没有自强，就没有尊严。

婚姻虽然是女孩的一层保障，但是一旦你的婚姻陷入了逆境，就不要再苦苦纠缠，以“柔弱”博取同情和施舍，施舍来的爱情和婚姻是不牢靠的。如果有自信挽留，有感情希望继续下去，当然要努力争取。如果对方已经不愿回头，那么用柔弱的姿态博取同情又有什么用呢？

女孩要活得有骨气有尊严，从心底就不能认为自己是弱者，把自己摆在一个和男人平等的位置，男人能够做到的，你也能够做到；男人能够克服的，你同样可以克服，那么还有什么难题可以难住你，有什么困境可以困住你呢？柔弱可以成为你自我保护的手段和武器，却绝不能成为你依赖别人的理由。

女孩有独立自主的心态，才能够从人生的困境中超然而出，有自尊自

爱的心态，才能不害怕人生中的风雨，享受一片自我的天空，只有这样的女孩，才值得那些好男人“携手”，给予尊重和重视。女孩也要独自经历风雨，才能真正成熟。谁都给不了一片晴朗的天空，还是学会自己努力拼搏吧，学会自己脱困，就会有更多人佩服你、帮助你，才能够顺利从逆境中解脱出来。如果自己不使劲，一味依靠别人的帮助，只能遭到别人的鄙视。

人们常说“自救者，人恒救之”。只有拼力自救的人，才能称其为“强者”，才能获得人们的帮助和援救，坚强、有骨气才能成为独立有尊严的女孩。

做好准备，应对困境

古人说“人无远虑必有近忧”，如果没有面对困境的心理准备，往往就会在危难袭来时手足无措而无法泰然处之。万事有准备，才会无所畏惧，有一颗时刻警惕着的心，才能有信心面对困境，有条有理地处理突发事件。

生活中，大大小小的困难随时都会出现，人生时时处处都可能出现意外，谁也不可能时刻把一切控制在掌握之中，但生活不是演戏，不可能有彩排。因此女孩唯一能做的就是在平时做好心理准备，遇到困难就能够不慌不忙，从容应对，把所有意外的一切都照单全收并努力扭转局面，才能让结果称心如意。想一想平时自己做某项规划的时候，是不是至少有几套备选方案？就算遇不到意外也要准备，以防意外出现时，能够将损失降到最小。

如果是的话，那么女孩从现在开始，不妨也在心中为自己做一套预备方案，如果出现困境，我准备怎么样，我希望自己怎样表现？如果出现困境，必须以不变应万变，我最多能伏下来忍耐多久？坚持多久以后要断然放弃？如果你常常思考这些问题，你的内心就能够得到磨炼，变得理智并坚强起来，因此，当你再次面对困境时就不会那么慌张，而是冷静有条理地分析和处理。

平时，还要重视自己工作上的技术和积累以及感情生活中的经验，有自己处理问题的一套准则和方法。从来只有厚重的城墙才能抵挡风暴，只有熟练的技术才能避开冰山。

曾经听过一段梨园趣事，颇有感触。戏曲大师谭鑫培在某次《文昭关》的演出中，误将宝剑换成了腰刀，上台后，大师才发现，已不好回后台更换。于是原本伍子胥的唱词：“过了一天又一天，心中好似滚油煎；腰中枉悬三尺剑，不能报却父母冤”。唱不下去了。但凭着几十年的唱戏功夫，谭大师临时急中生智，硬把唱词改成了“过了一朝又一朝，心中好似滚油浇；父母冤仇不能报，腰间空挂雁翎刀”。这四句一出，台下满堂喝彩声。

还有弹唱艺术家马如飞，在弹唱《珍珠塔》时，一语不慎，错把“丫环移步出了房”唱成了“丫环移步出了窗”，观众听后哄堂大笑，但马如飞不愧为有几十年唱功的老艺术家，在大笑声中，他不慌不忙，镇静自如地补上了一句“到阳台去晒衣裳”，然后居然将错就错，连连脱序，将“六扇长窗开四扇”唱成“六扇长窗开八扇”，然后补道“还有两扇未曾装”这些巧妙的补白赢得了满堂喝彩。可见即使是戏曲，也充满了意外，但是艺术家几十年的功底却将这些意外，变成了惊喜。

如果能够临危不惧，凭着自己生活中丰富的经验，凭着处理意外时巧妙的手段，完全可能将一些困境变成人生中的惊喜，变成自己人生中的一段佳话。重要的是，要时时刻刻有一颗准备应付困境的信心，要有对生活

有深刻理解，这样，无论怎样的风浪也不可能将你吞噬。

在今天也要多顾虑一下明天的事情，在做重要的决定之前，首先要预见可能遇到哪些困难，有哪些困境，采取哪些手段可以尽量避免，如果避免不了怎样才能减少损失，这就是所谓的“远虑”，如果时时刻刻都有“远虑”，意外出现的概率就会减少，也就很少能够有“近忧”了。

总之，泰山崩于前而面不改色靠的不是一时的机灵，而是长期的积累和谋划。对生活有那么一点“灵气”，有一点“急智”，就可以避免尴尬。面对长久的困境靠的不是幸运，而是长久的坚持和一颗不放弃、不馁败的心。所以，女同胞们只要保持勇气，保持内心的冷静和坚强，就没有什么可以击败你。

心怀希望，就没有绝境

《易经》有言“剥尽复返”，意思是一件事情看起来危机四伏，却往往能够绝处逢生，这里的“剥”和“复”是两个卦，前一个卦，显示天地不交，阴阳不通，是非常凶险的；复卦显示天地相交，阴阳相通，好的局面再次回来，寓意着逆境达到极点，就会向顺境转化。

这两个卦，最初的象征其实是夫妻之间沟通的问题，很好理解，如果夫妻之间交流不畅，关系往往就会陷入僵局。这时候往往两个人都会受折磨，矛盾加剧，摩擦增加，达到极点以后，就会有争吵、打闹，往往一场架下来，两个人都发泄完了，又达到了沟通的目的，心里都舒服了，反而比以前更增加几分甜蜜。所以说，逆境并不是绝地，绝地也并不意味着一定灭亡。

韩信攻赵，曾经命令将士们背靠大河摆开阵势，与敌人交战，前面百万雄兵，后面滔滔河水，战败就是灭亡，处在这样的死地之中，将士们却有了拼死求生的决心，结果大破赵军。在绝境之中求生存，固然困难，但还有一线之机，只要能够看到这一线之机，就能够置之死地而后生。其实只要有自信，有勇气，从来就没有什么死地，绝地反击更容易让人看到希望，看到胜利。

永远不要气馁，没有绝对的困境，绝境其实也是机会和希望，环境、局势永远都是在变化的，看起来十分凶险、不利的逆境，过一段时间或者因为某个因素的变动，往往就会变成对你十分有利的希望之地。不仅仅局势在变动，人心也在变动，开始时，敌人可能会咄咄逼人，会无比狰狞，但是他们的士气不会随着时间的变化而低落吗？这些都可能是你绝处逢生的希望，所以随时随处都可能出现转机。

如果遇到逆境就想要逃避，往往会落入陷阱，相反，迎着困难而上，说不定还有一线生机。没有任何事是绝对的，周围的环境也是如此，每个人的天空都会下雨，但雨后一定有彩虹，一定有温暖的阳光。在绝境中等待转机是每个人一生中都会遇到的时刻，当看不到机会，看不到希望，只能等待结果的时候，并不是机会和希望就不存在了，而是它们隐藏到了人生的乌云后面，就像星星太阳，看不到的时候也一定存在。乌云是迟早要消散的，星星太阳却是永存的，逆境迟早要流逝过去，人生的希望却永远站在那里，静静等着你看到它，只有尽快挥散心中的阴霾，才能最快看到希望向你招手。

很多时候，绝境还能够激发一个人最大的潜能，很多人都会发现，在越紧张、压力越大的情况下，一个人往往越清醒镇定，越能有超常的发挥。人的潜力是无穷的，之所以做不到往往是因为没有被逼到那个地步，一旦把人逼入绝境中，人们往往能做出超越自己生命能力的事情。记得曾看过一个片段，在南美洲的大草原上，曾经有位野外摄影记者徒手打死了

猎豹。李广也曾经将石头看作猛虎，一箭射去，居然将羽箭射入了石头当中，白天再来射，用再大的力气，却也射不进去了。

这些都是在绝地中，力量和技术凭空增长了几倍的例子，可见绝地困境是能激发一个人的潜力的，这些潜力难道不会帮助你把那些对你不利的绝地，变成对你有利的因素吗？这可能就是“因祸得福”了。

在你的精神受到打击的时候，在你的肉体受到摧残的时候，在你的自尊受到伤害的时候，在你的人格受到侮辱的时候，你往往脑筋更加清醒，能够看到以往绝不会看到的东西，想到以往想不到的思路，这就是人为什么能够置之死地而后生。只要不屈服于命运的安排，靠着顽强的意志和无限的潜能，靠着清醒的头脑和冷静的判断，靠着对自己能力的自信，对对手的准确评估，靠着对转机细致入微的观察和思索，绝对能够绝地逢生，风生水起。

绝境也可能成为成就你的一个机会，一个人如果能够在困境中浴火重生，那么出现了质的飞跃，这样的能力足以让你去参加更高层级的竞争，取得更大的成就。

此刻的绝地，就是下一刻的希望之地，甚至是你起飞的基地，所以永远都不要绝望，只要有冷静的头脑，能够清醒地面对，事情就会出现转机。

没有打不倒的困难，只有懦弱的人

逆境只是人生的一种经历，没有不堪的困境，而在困境中一蹶不振，甚至疯狂崩溃，才是最不堪的。没有什么环境能够困住一只鹏鸟，也没有什么困难能够困住一个顽强抵御者，更没有什么绝境能够困住一颗不羁的心。有时，女孩之所以沮丧、绝望、崩溃，不过是因为自己的心不够坚强而已，是幻想中的巨大恐惧和压力把自己打倒了。

只要你自己不会垮掉，就没有什么能够把你击垮，而绝望的心境，恐惧的想象，源于内心深处的懦弱，正是一个人一蹶不振，走向不堪的根本原因。曾听过这样一个小故事，两个年轻人在沙漠中旅行，没有了水，其中一条腿受了伤，不能行走，于是另一个人对他说："我去寻找水源，你等在这里。"然后把一把装有三颗子弹的枪留给了伙伴，告诉伙伴，过一段时间就开一枪，伙伴也会开枪和他保持联络，以防止找错方向，之后就去找水源了。

这个伤员在沙丘下静静躺着，一直静静地等，不久后，他开了第一枪，空中随后起了响应；又等了半个下午，他开了第二枪，空中又传来了响应；这时天已经黄昏了，彩霞满天，可不久，天就完全黑下来，年轻人开始了胡思乱想，他想起了伙伴会不会背叛自己，扔下自己；自己或不会被沙漠的寒夜冻死，越想越恐惧，越希望伙伴能够赶快到来，于是他打算开第三枪，但是，他马上想到，不能随便浪费子弹，他可不能受尽苦难地死去，就算死也要痛快地死去。这些念头逐渐把他逼的崩溃了，于是他举起枪，结束了自己的生命。而就在他死去不久，尸体还温着的时候，伙伴来到了他的身边，其实他开第三枪的时候，伙伴距离他不过百米。

杀死他的不是沙漠中的寒冷、干旱，而是他自己内心的恐惧和软弱。无论在怎样的困境中，都应该有一颗存着希望的心，只有这样的心，才能带你脱离困境，看到希望和未来。人心是最多变、最难测的，也是最坚硬、最柔软的东西。心境能够带给你希望，也能够带给你绝望，往往越是纯净乐观的心灵，就越容易想到人性中美的一面，越容易看到希望；而越是冷硬、昏暗的心，就越容易想到人性中的邪恶，越容易绝望。

当你处在困境中的时候，唯一能够帮助你的就是把所有的事情都往好处想，把此时的困境看作一种别样的人生经历，能够苦中作乐，在黑暗中看到光明，在最寒冷的时候看到温暖。只要心中有希望，厄运就迟早要远去，就算最后无可挽回，也能够享受到人生最美好的东西，还有什么比这更重要呢？

人生没有不可承受之重，只有不堪承受的内心，那些在逆境中绝望、结束生命的举动，是最不尊重自己，不重视生命，懦弱的行为。在这一点上，女孩比起男人来有更大的优势，不要看女孩平时怕东怕西，其实她们是最具有韧性的，往往在绝境当中，也能够静静地忍耐，直到转机出现，很多女孩越遇到大事越冷静自持，不慌不乱，很少胡思乱想。她们也不像男人一样刚硬，往往能屈能伸，赢得下一次的机会。

从这方面来说，女孩的心是最柔软的，也是最具有韧性的。因此，只要心境豁达，没有不堪忍受。有什么忍不了，受不住的事情呢？越是绝望，越是黑暗，越是严酷的困境，就越不能坚持长久，难道一个人的内心反而不如那些困境有韧性些吗？难道生命中的全部意义，不是在坚持中才体现出来吗？如果你能够享受财富、名气、地位、爱情，而不骄奢淫逸，那么，再严酷的困境又能把你怎样呢？

见识过富贵、忍受过磨难的人生，才是真正富足的人生啊！如果自己的心容纳得下让你快乐的一切，就能够容纳得下让你痛苦的一切。人们常常说“没有受不了的罪，却有享不了的福”，既然能够安然地享受幸福，就能够泰然地忍受痛苦。只要能够理解这一切，就没有不堪的心境，也就没有不堪的困境，不过等待、忍耐而已。

百炼成钢，聪明女孩珍惜每一次蜕变的机会

人们经常说“百炼成钢”，那么对于钢来说，熔炉中高温的炙烤，炙烤后冰冷雪水的浇灌是逆境呢，还是顺境？很多时候，人们不是在顺境中成长，而是在逆境中脱胎换骨，最终成功的。

传说中的凤凰，只有经历过烈火的煎熬和痛苦的考验，才能获得涅槃重生。一棵大树不仅仅在阳光细雨中成长，他们还要历经严寒，经过暴风骤雨的锤炼才能更加茂盛，更加强壮，根扎得更深，站得更稳。历史上最伟大的艺术作品——断臂维纳斯，因为在深土黑暗中埋藏千年，并断掉双臂之后，才能升华为蕴含人类无限想象的伟大的艺术品之一。有残缺才能完美，历经沧桑才更加美丽耀目，这不仅是自然的定律，也是社会的定律。

学会从逆境中汲取养分，才能重生，人生的境界才能得到升华，人格才能更加高尚。每一次逆境的考验都是为了让你更加坚强，每一次烈火的炙烤都是为了熔去人性中丑陋、软弱、怯懦、稚嫩的那一部分，让你不断被提纯，被升华。

学习是提升自己的一种方式，挫折则是另一种方式，另一种更快、更干脆、更痛苦但成效也更显著的方式。在逆境中你会得到更多经验，经验往往和教训连在一起，没有教训的过程，得到的经验都是肤浅的，只有自己尝到过摔倒的过程，才能体会摔倒的痛苦，学会怎样从摔倒中爬起来，怎样积聚勇气，怎样避免下一次摔倒。这些只有亲身地体验过才行，而不是学习或者借鉴别人的经验能够得到的。

挫折也是一种人生经历，它将告诉你人生的痛苦，教你学会忍耐，学会在痛苦中积蓄力量。让你在平时的忙碌中、茫然中清醒过来，认识到自己到底想要做什么，为什么迟迟不去做。挫折给你时间让你苦苦思索，让

你在思索中收获思想和坚韧的品格。

司马迁在李陵事件之前不过是个平凡的太史令，负责记载整理史书等，只有经历了人生中所有的痛苦和不堪，他才真正理解了何谓“人固有一死，或重于泰山，或轻于鸿毛，用之所趋异也”。他开始全力于写史，发愤著书，最终完成了130篇，52万余言，鲁迅谓之“史家之绝唱，无韵之离骚”的《史记》。如果没有遇到人生中的逆境，他也许不会认识到生命之短暂无常。

屈原不过一个才华过人的楚国贵族，因为楚怀王的疏远，郁郁不得志，才成就了他生命中最浪漫的《离骚》，因为国破家亡，将一个贵族变成了一个千年传奇。

懂得在逆境中汲取养分，不仅仅是执着不低头，坚持和斗争，更是在磨难中不断完善自己，培养自己不畏痛苦，义无反顾的性格。只有这样，才是真正从逆境中汲取到了养分。

女孩在生活中难免会失败或做错事，逆境可能是自己造成，自身一定有不足，才更容易陷入逆境，如果能够在逆境中学会不断调整自我，认识到自己的不足，这才是一种进步。已经发生的事情无法改变，要做的只能是认识到那些错误，让它成为一个教训，一个能借鉴的人生经验，这就是成长最重要的养分。

逆境还能锻炼我们的勇气和应对的急智，锻炼我们永不放弃、永不气馁的精神，这才是人生最重要的收获。一帆风顺、没有意外的人生，很少能够让人成熟，并让人拥有不会被击垮的勇气，只有逆境的磨炼才会给你坚强的意志，给你沧桑的经历，使你更加从容自若，这一切都是人生的财富，拥有了这些，你的人生就拥有了一次实现飞跃的机会。勇气、智慧、意志和从容的气度都将让你整个人熠熠生辉，使你的品格、气质都得到提升。

聪明的女孩不但不怕摔倒，还会在摔倒中，握一点东西在自己的手里，这才是真正的智慧，只有这样的女孩才会有更精彩绝伦、与众不同的人生。

持久忍耐，持续前行

在困境中挣扎如在“夹缝中求生存”，唯有忍耐才是制胜的法宝。当反抗和努力没有任何意义的时候，忍耐一下以积蓄力量，寻找合适的契机才能最终强大起来，最终找到脱困的时机和方法，一举击溃逆境，突围而出。

困境中，任何消耗自身能量的轻举妄动都是愚蠢的自找死路，不可能对事情有更大的助益。在冬天很多树木都会把叶子脱落下来，以保存自己生命的力量；很多动物也会在冬天蛰伏起来，不再活动，它们积蓄力量，慢慢等待春天的来临。这是大自然千万年来淘汰那些不能够忍耐的物种的一种方法，唯有懂得避其锋锐，在困境中忍耐饥寒，积蓄力量的生命才能存活下来。人类也是，古人们讲究“冬藏”，睡眠时间变长，活动和娱乐的时间都减少，讲究“猫冬”，这样才有利于养生，有利于来年一鼓作气的三季劳作。

冬天就是所有自然生命的困境，在不能克服的困境中，所有生命体都必须学会“忍耐”，学会积蓄力量，静待时机，最终才能等到困境全消，那时候，胜利就来临了。这是一种面对困境的方法，如果所有的挣扎都是徒劳无功，所有的努力都使得困境更严峻一些，那唯一能做的就是静静等待和忍耐。

不要以为忍耐是一种很简单的行为，其实忍耐是非常困难的，如果你

有失眠的经历，就会知道静静躺在床上十几个小时等待天亮那是多么难以忍受的事情。如果在等待的同时，还有令你痛苦的感觉在折磨你，这个过程就会变得更加漫长，更加令人筋疲力尽。

如果在众人质疑的目光中，在严酷环境的逼迫下，在巨大的精神压力和紧张之下，能够不动如山地忍耐，就是一种伟大的行为。当然忍耐不是一味的消极等待，在等待的同时，不动声色地休养生息积聚力量也是很重要的。这些力量就是在困境中奋起的资本，就是以后获得成功的动力。

每个人都有一段时间需要“闭关”思索，以调整前进的脚步，吸取以往的经验教训，思考下一步应该怎样做，如果能够把忍耐的日子当成一种“闭关”，就能够在等待的同时让自己的头脑变得更加清醒，目光更加远大，减少日后可能的错误和方向的偏差。如果在这时，能够放下正在做的工作，拥有一段“充电”的时光，学习更多的经验，增长自己的见识和智慧，还能够让自己的能力和境界更上一层，这就是更高层次的“忍耐”了。

能够在等待时机的同时不被困境所囿，让自己的能力有所增长，甚至闯出另一番局面，是一种本事。古代的名士，在人生遇到逆境或者怀才不遇的时候，往往选择蛰伏，做一个“隐士”，读书、农耕直到自己的境界有所长进，时机到来之时，才会出仕，这样的隐士往往能够“一鸣惊人”，不但能冲破人生的困境，更能让世人刮目相看。三国诸葛亮，东晋谢安都曾经做过这样的“隐士”，隐忍、积蓄，一旦时机成熟，则名动天下。

这样的忍耐，才真正是前进的动力，在等待的同时，能够丰富自我，能够细细观察环境的变化，觉察逆境地离去，时机到来，从而一击命中，突破围困，破茧而出。女孩就要学这样的忍耐。在最初的慌乱过去，在冲破樊篱的尝试成为无用功时，不妨静下心来，思考一下自己还有什么可做的，有什么可能将此时的困境变成对自己有利的环境。

既然拼杀不能冲破重围，就不妨让自己把重围当成自己安静的后院，进行休养生息。平时的拼搏其实都是在消耗自己的力量和能力，是“输出”的过程，如果有时间，有机会，为什么不静下来，进行一番“输入”的努力呢？在静待的同时，还能够增强自己的实力，有什么比这更好的事情呢？任何的困境都是一个机会，只要细细体察，就能够感觉到这种机会并充分利用，那么迟早有一天，你要感谢这种困境，感谢它给了你更多力量，更坚强的内心。

如果不能反抗，就忍耐吧，生活中只有忍耐，才能真正成熟起来，女孩才能够更沉静理智，更接近成功。

挑战自己，女孩坚决不做失败者

如果人能做个有百分之百胜利把握的“常胜将军”时，真的有那么快乐吗？人生中所有的刺激和快乐往往来自于那些意外的成就感，来自于对自己能力的挑战，以及对自己极限的挑战，还有那些不可预测的东西。敢尝试，就没有失败，尝试一次会失败，那么上百次呢？上千次呢？

曾经看过一部关于拳击的电影，拳击选手和他的教练把拳击看成自己生命的一切。一次，他遇到了有生以来最严峻的一次拳击比赛，对手是蝉联几届的拳王。于是教练开始反对他参加比赛，但是这个拳击手对教练说：“你知道我有实力，我有实力和他比赛。”“但你没有百分之百的把握胜利，失败就是死亡。”这时，主人公回答道：“我不需要必胜的比赛，那里面没有对未来的不可预测，没有人生的危机，没有我们毕生追求和渴望的激情，这不正是拳击的意义吗？一瞬间的生死未卜，因为结果不

可预测而显得更加激情四射。这不正是拳击的魅力所在吗？”最终教练被说服，而拳手也成功地超越了极限，挑战了自我，最终成为最令人瞩目的“拳王”。

生命的意义不仅从中规中矩、一成不变的生活中体现出来，在磨难和困境中更展现出它夺目的光彩。生命中没有尝试过挑战就永远不能超越自己，就永远不能发挥出自己最大的潜力。困境也是机会，那么为什么不勇敢地自我挑战一下呢？当你完成了以为自己做不到的，你会发现那种成就感是无可比拟的，你的能力也会被最大限度地激发出来，只有这样，才会实现最大的进步。

既然身处逆境，情况再糟糕又能怎样呢？既然不会更糟糕了，那试着做一下自己做不到的，又能怎样呢，也许还会有一线希望呢！既然都是失败，这样等待着失败和尝试一下后再失败又有什么不同？勇于尝试，勇于挑战自己的心理底线，这本身就是一种成功。女孩不喜欢刺激，但在逆境中刺激一下又能怎样，也许会有令人欣慰的结果呢？

保持这样的心态，才能对生活生出希望。敢尝试，就不会失败，就算这一次失败了，还会有下一次，迟早能够摆脱困境。困境本来就是超越自身能力的陷阱，如果在自身能力之内能够解决的，也就不能够称为“困境”了。既然难题超越自身能力，也就只能用潜力去应对了，关键时刻搏一搏，挑战一下自我，也是在成全自己。

没有激情的生活和生命又有什么意义呢？生命本来就是在一次又一次的挑战和克服中得到升华，走向圆满的。逆境中不妨尝试一下，尝试自己从来没有付诸过行动的想法，尝试一下自己以往从来不敢做的举动，尝试着去完成一个从没有做过的事，尝试一下最没有可能成功的那种方法，尝试着从不同的角度去想一想，即使失败又有什么损失呢？既然已经被“围困”，就不用害怕“围困圈”会缩小。

万事在没有结束以前，都是不可预测的，我们做很多事情的时候，都没有完全的把握，既然一件小小的意外就可能导致事情走向不同的方向，那么自己制造些意外又能如何？敢于挑战自己，人生就没有死局。

人生就像一盘围棋，处于困境的时候，只有杀出来才有希望，无论是杀别人还是杀自己。挑战自我，在有些人看来也许就是杀自己，但如果能够为自己赢得一片新的战场，赢得一些时间，自断一臂却比等死更加果断英明。舍得对自己狠，才能走出困局，舍得挑战自我，才能超越自我，能够超越自我，才能不断成长，不断成熟。

女孩要学会对自己“狠”一点，不断尝试人生中那些没有经历过的磨难，不断挑战自己的极限，心态才能沉静下来，智慧才能积累出来，人生才趋于圆满。

放松下来，总会找到出路

处于逆境之中最忌紧张慌乱手足无措，往往越是遇到大事，遇到逆境就越要冷静放松，只有放松才能注意到环境一丝一毫的变化，进而从中找出摆脱困境的“缝隙”，紧张的心情只会让事情越变越糟，遇事冷静、镇定自若才有大将风范，才可能成功，才可能在困海中浮出水面。

在古龙的小说中，主人公越是到了生死关头，越要灿然地一笑，这一笑往往就把所有人的心都安定下来了，大家都放松了，最终总能绝地逢生。其实，下意识中的笑容就是在放松自我，让头脑冷静镇定下来，越是遇到困境越要有苦中作乐的精神，不妨先想一些有趣的事情，将紧张的情绪缓和下来，再来面对困境，就容易了很多。

记得高考之前，因为压力过大，每个人的神经都处在高度紧张当中，

因此老师们都会格外为这些学生们担忧。当然，每一届的考场上也都有因为紧张而晕倒的优等生。老师们教给学生放松的方法无非以下几种：深呼吸；想象高原的天空、茵茵碧草让自己悠闲下来；不要想高考后的后果；不要相互对答案。不过在最后的一天，老师根本没有为我们讲解题目或者要求背诵，只是听了一天的音乐，在音乐声中，把所有的课本当成消遣的小说读一读。不能不说这种方法是非常有效的，当静下心来用看小说的眼光去看教科书，原来它们真的还是蛮有意思的书籍，神经也不知不觉放松下来，应对压力巨大的考试，也不过是人生中的一场考验罢了。

人生中的每一个困境也许都是一场“高考”，之所以压力巨大，也许不过是因为我们过于紧张的缘故，如果能够放松下来，未尝不是一个有趣的小游戏，只不过有点折磨人，有点痛苦和压抑，有些恐惧，难道这些我们在某些游戏中没有体会过吗？随之而来的刺激会把一切都掩盖掉。只要用一种放松的心态去看待它，我们总能战胜这些困难。

这些都是人生的一种经验，往往事后看来，当时的事情不过是那么简单的小事而已，当时的痛苦、紧张、恐惧却是实实在在的。如果在当时就能够以一种高屋建瓴的眼光来看，以一种经历过的旁观者的眼光来看，那些自以为的深井只不过是一个水洼，自以为的“困海”不过是大一点的游泳池罢了。再坏的结果又能怎样呢？无论成功失败，结果是不会改变的，也许一时会有不同，但最终的结果并不取决于一个小小的“意外”，而是取决于长期的积累和努力。

曾看过一篇小说，一个国民党的指挥将领，在某场战役中因为自己一手提拔起来的下属的“背叛”，而输掉了那场战役。那个将领在荒原中一待十几年，始终弄不明白下属为什么要“背叛他”，总是在恨恨地说：“差一点，这一场战役就赢了。”后来两个人遇到，将领仍然不甘心地问这个问题，那个下属则回答他：“你看看这个天下，那场战役是输是赢，有那么重要吗？迟早是这个结局！”

是啊，在大的环境下，一个人的得失，一场战役的成败真的是微不足道的。同样在几十年的人生中，一次成败也是微不足道的，不足以改变你的整个人生。当年那些高考失败的人，他们到了中年，没准儿会比那些挤过独木桥的幸运儿过得好。把眼光放长远一点，此时的困境就不过是一堵小小的围墙，即使在高，也不可能将你的人生围困，一切都是浮云。

只要努力过了，拼过了，迎战过了，就已经赢了。懂得这一点，你只需要在陷入困境时笑一笑，让自己放松下来，告诉自己，困境并没有什么了不起。

陷入困境并不可怕，陷入慌乱才可怕。无论遇到怎样的事情，都是有办法解决的，关键的是你能够冷静下来想办法，能够放松下来，这样才能“治大国如烹小鲜”，举重若轻，渡过难关。

第4章 取舍之道：幸福女孩得失淡然，不为所累

所有的人生都是选择的结果，选择很多时候就是取舍，关乎一个人的得失，选择的智慧，更多时候就是舍弃的智慧。舍弃从来是痛苦的，怎样理智地放弃一些美好的东西，成全更重要的东西，怎样在舍弃之后不悔不愧，在得到之后珍之重之，就是女孩需要学习的。能够看淡得失固然很好，但更重要的是学会判断哪些是你最重视、最不能放手的，哪些是你绝不可能得到的，学会在固执的坚持后，享受放手的美丽，珍惜得到的，才是更重要的人生一课。不为得失所累，才能得到真正的幸福。

取舍之间，如何选择

人生有得必有失，人们总是在选择中走到今天这一步的，更多的时候，取舍就是选择一个方向，选择一种人生，选择一种不能模棱两可的态度。选择了这个，就放弃了那个，就放弃了另一种迥异的方式，放弃了另一种可能，怎么可以轻视选择呢?

今天的状态，是你昨天的选择，今天的选择，也会成为你的明天。生命是一天一天的积累，一时做错了可以改正，一时选错了，谁还给你改正的机会?你还可能有不同的方向吗?就算能够改正，浪费掉的时间精力又有什么可以弥补?

曾听过一个姐妹讲她自己的经历，本来打算好上完大学就出国留学。结果不小心恋上一个学弟，她放弃所有陪了他两年，成全了别人，放弃了自己，最后却被所有人、所有前程都放弃了。不仅男朋友不珍惜她，自己的同学也已经走了好远好远，与年龄小的同学相处总有隔阂，总被讥笑，好像一时间被整个世界遗弃了。如果当年选择时，谨慎一些，多考虑一些，看到感情中那些不确定因素，可能今天就会有不同的人生。

人们总会在人生的岔路口徘徊，放不下这个，也放不下那个，取舍不定，总处在摇摆当中，再好的机会也会错过了。又或者选择的并不是自己想要的，于是走上人生的巅峰，开始叹息“高处不胜寒”，无论怎样选择，人生都有缺憾。懂得取舍，就是要求自己把所有的缺憾都降低到最小的程度，选择好人生的方向，就不要再后悔。既然选择了，就要一往无前。很残酷，但这就是规则，很多时候人生都没有两全。

东汉末期有名的才女蔡文姬，博学能文，善诗赋，长音律，可是在社会动荡中被掳到了南匈奴，嫁给了匈奴的左贤王，受尽异乡之苦，并为左贤王留下儿女。后来曹操统一了北方，并用重金赎回蔡文姬。蔡文姬在回归故土和与儿女丈夫团聚中痛苦徘徊，最终选择了回归故土，并留下了动人心魄的胡笳十八拍。归汉后，曹操在与她闲谈中提到蔡文姬家原本的藏书，可惜四千卷书因为战乱，全部遗失，幸而蔡文姬凭着记忆默写出了四百篇文章。很多人都把“文姬归汉”看作一桩美谈，千百年来的历史都记着她，可谁又懂得她被迫选择时的两难呢？

学会取舍是困难的，然而没有取舍，就没有伟大的人生，没有正确的选择，人生的意义和价值更不可能很好地体现出来。对于每个人来说，尤其是女孩来说，舍弃每样东西都是痛苦的，都会留有遗憾，但是如果不舍弃任何一样也许代表着更多的烦恼。现代的女孩，放不下爱情、放不下事业、放不下儿女、放不下梦想，活得会有多累？当有一天生命到了尽头，所有放不下的都要放下，所有不能舍弃的，都将抛弃你。

世间值得留恋、追求的东西很多，然而总有一样是更重要的，不可缺少的，也总有一个时刻，要被迫着放弃一些东西，成全另一些，那时，你将怎样做出选择呢？做出选择后，你能够仍然安然快乐吗？能够义无反顾么？曾经上过一堂课，在一张纸上写下自己认为最重要的十样东西，然后一样一样地把自己觉得最不重要的划去，每划去一次，就仿佛划去了自己的一部分人生，让人喘不过气来。很多时候，人生就是这样一个游戏，你只能留下自己最重视的。没有取舍，就没有痛苦，没有痛苦人生就不完整，人们在取舍中成熟，在选择中完成自己的一生，尽早学会取舍，学会

选择，人生就会尽早幸福安宁。

取舍有道，舍与得自有章法

取舍并不是放任自流，任凭环境和时间的流逝自然地作出选择，取舍必须是有原则有方法的主观性选择。

孟子曰："鱼，我所欲也；熊掌，亦我所欲也。两者不可得兼，舍鱼而取熊掌者也。生，亦我所欲也；义，亦我所欲也。两者不可得兼，舍生而取义者也。"后面对这种选择做了详细的解释：生命虽然是我想要的，但我想要的还有比生命重要的东西，因此不做苟且偷生的事。死亡是我所厌恶的，但还有比这更令人厌恶的，所以有的灾祸我不会躲避。孟子最后说既然以往没有被贫困、生命的威胁改变本性，同样也不可以为住宅的华美、妻妾的侍奉而丧失自己的本性，也就是"贫贱不能移，富贵不能淫"。可见孟子选择"大义"的依据是他自己的本性。

庄子曾经在他的著作《庄子·杂篇·让王》中讲述了取舍的"八不要"和"六要"。他先举了子州支父的例子，因为这个人病了，接受天下大权就会对自己的病有妨碍，他先要去治病，所以对于一个人来说，无论某个东西多么重要，多贵重，如果妨碍到自己的生命或者其他东西，不是自己当务之急需要处理，需要得到的，就应该"不取"。

不是自己的那瓢水，坚决不要。比如，舜帝要把自己的王位禅让给两个德高望重的隐士，这两个隐士觉得自己一旦接受了统治天下的重任，就像鸟被关到了笼子里，内心受到束缚、禁锢，因此不愿意接受。不是自己需要的东西，再贵重又有什么用呢？有些东西和事情，在你看来不过锦上添花，在别人却是性命攸关，不妨舍掉，看清自己真正的需求，才是最重要的。人生最大的痛苦莫过于“自己要的得不到”或者“得到的并不是自己要的”，在得到的同时，一定会舍掉某些东西，如果孜孜以求的东西，付出不少代价，拼尽全力得到了，却感觉并不是那么美好，并不是自己最想要的，岂不遗憾？所以想清楚自己要什么至关重要。

因小而失大的，坚决不要，像王安石在某篇文章中提到的：孟尝君三千门客，却因为鸡鸣狗盗之辈，而失去了真正的士人和圣贤，失去了名士的辅佐，不能够南面称王，可谓因小失大，坚决不取。

不适合自己的，不恰当的东西坚决不能要。比如，18世纪一个著名的哲学家丹尼斯·狄德罗曾经接受过朋友送他的一件名贵的睡袍。这件睡袍质地精良、做工考究、非常精美，哲学家非常喜欢他，于是晚上穿上它在家中寻找感觉，但是他开始感觉家中的家居风格与之格格不入。为了与睡袍相配，他开始更换家中的旧东西，终于所有的一切都和睡袍一个档次了，但哲学家却不高兴了，他认为自己“居然被一件睡袍胁迫了”。因为接受一件不属于自己消费水平的礼物，而失去了平常心，应该坚决“不取”。

如果某种选择让自己会感到不快乐、不喜欢，感到勉强，这样的事情坚决不要去做。即使做了，日后也不免后悔。无论是事情、是物还是人，当时令自己烦恼的，令自己勉强的，就算得到了、做到了，日后也会日日看着碍眼，越想越觉得不值得，越想越后悔，让自己失去快乐。

明知是对方的饵，明知道是别人收买你的，无功不受禄，不是自己争取来的，不知道自己要为之付出什么代价的，坚决不要。每个人都有自己喜欢的东西，别人捧上来，送上来的，就算多喜欢，也必为之付出代价，只有自己争取到的，才受之无愧，取之无愧。“君子爱财，取之有道”这个“道”就是用自己的勤奋、努力、智慧去得到，这样得到的东西才不用心虚，才能踏实地享用。

当然并不是选择了正确的，就会没有烦恼，同样有的。烦恼就像人的

呼吸，伴随我们的一生，人生总有缺憾，就算取舍得当，也免不了痛苦，免不了遗憾。但是正确的取舍可以让你有能力享受自己的选择，享受自己取得的东西，而且每当想起，绝不会后悔。而不当的取舍，会让自己若有所失，让自己心中留下永远弥补不了的缺憾。

取舍之道，就是遵循自己的内心感受，尊重自己的良知和信仰，知轻重，懂得自己的真正需求。按照这个标准来做出选择和取舍，才能够不悔不愧，对得起自己，也才能够得到快乐。女孩所求的也许不多，但抉择时往往不够果断，反而使自己内心混乱，如果能从以上几个侧面问问自己的心，也许就能做出正确的选择。

得失是常态，不必斤斤计较

人生中有得有失，这是常态，没有必要过于计较，能够把这看成一种自然现象，人生才能够“知足常乐”，豁然开朗。否则一天到晚为失去的耿耿于怀，心情哪有平静舒适的时候？

再者，老子说：“福兮，祸之所伏。祸兮，福之所倚。”得到并不一定是好事，是福气；失去也不一定是坏事，是祸患。从不同的时间、不同的侧面看过去，得失又会不一样，为什么要为不确定的事耿耿于怀呢？

人生其实就像炒股，放不开的人总是在盯盘，看着涨了，就满心欢喜，扬扬自得；看着跌了，就失落万分，着急着想要脱手，以免被套牢，结果呢，却并不一定会赚钱。而往往只有真正将买卖股票看成一种乐趣的人，才能成为真正的赢家。生活也是如此，如果没有一颗平常心，就总是在患得患失，如果让得失一味纠缠你的内心，就会失去许多快乐。人生总是有一得必有一失，而有一失，也必有一得，在得与失之间，总遵循着一种守恒，只有坦然面对，才能够获得心理平衡。

再者，此时看起来是“得到”，彼时也许正是“失去”，人生中的起起落落，沉沉浮浮谁又能够说得清呢？守株待兔的农夫，得到了一只野兔，却失去了一颗平常心，于是荒废了庄稼和劳动，最终一无所得，把所有东西都失去了。而现实中又有多少人因为得到了一个小小的职位，而失去了奋斗的热情，最终沦为平凡的小人物呢？也许丢掉那份鸡肋般的工作，他们会真正奋斗一番，成为成功人士中的一员呢！

曾经看过一个小故事，一个快乐的乞丐，整天乐呵呵地去乞讨。于是这份快乐感染了一个富翁，于是这位富翁在他落脚的地方放了90美元作为给他的奖赏。可是因为有了这90美元，乞丐开始不快乐了，他开始想着怎样把它藏在一个安全的地方，终于找到一个似乎安全的地方，他又绞尽脑汁地想着把这些钱变成100美元。于是他一美分一美分地开始乞讨，因为他乞讨的是钱，而且哭丧的脸让所有人都躲远他，最后当这个乞丐饥寒交迫地躺在落脚地快要死了时，富翁遇到了他，问他为什么会这样。这个乞丐希望好心的富翁再给他1美元，把钱变成100美元。后来，富翁遇到了一位哲人，觉得很困惑：“那么，你满足他了吗？”“当然，先生。”“你不应该给他那1美元，还应该把上次给的都要回来，这样他还有救。”

因为得到了财富而失去了平常心，因为取得了成就而忘记继续努力，最终失败的人这世界上有多少呢？所以这一刻的所得，并不一定就是好事，不一定能够成就你；相反，这一刻的所失也不一定就是祸事，不一定会把你带入失败的深渊。所以实在没有必要太在乎一城一池、一时一刻的得失，人生毕竟还长着呢！

只要能够知足，管他失去多少，得到多少。你能够用的也只有那么多，失去多少，你用的还是那么多。既然如此，只要能够满足自己的生活所需，能够维持生命的快乐，又何必计较那么多呢？知足的人，无论是有

一缸米还是一碗米都会感到快乐，因为他们此时不用挨饿；不知足的人即使拥有无数的财富，还是会感到痛苦，因为总有剩余财富在他的仓库之外。生而为人，不能够快乐，不能幸福，不能感到自在，拥有再多财富又怎样？

佛说：“若能一切随他去，便是世间自在人。”执着的东西太多，太在乎得失，免不了许多烦恼，在乎的越多，烦恼也就越多。知足常乐，不因一时之得而喜形于色，也不因一时之失而痛苦自责，这才是人生的大自在，才能无喜无愧，怡然自得，这样的人生才能得到最多的幸福和自由。

一味地固执，并不能为你带来幸福

“退一步海阔天空”，固执地坚持有时候并不能让女孩更幸福。相反，学会在关键时刻退一步，回头欣赏一下背后的景色，说不定会让你的境界更开阔，人生有一番不同的风景。有“舍弃”，才能够有更多“得到”；舍不得舍弃，往往现实情况也会逼得你不得不舍弃，不得不放弃自己的坚持，到那时候，就没有什么选择的机会了。是主动大方地舍弃一些东西来追逐更重要的，还是被迫着放弃自己的坚持，境界大有不同。

女孩要执着，但不要固执。执着可以让你看到“柳暗花明又一村”，固执却往往让你陷入绝境无法脱身。当你意识到“山不可能到你面前”时，你还要固执地呼唤大山吗？智者的做法是“我就到山前面来”。让自己拥有更多选择，就会有更多机会，人生就会有更多可能。

记得金庸曾经在自己的作品中塑造过这样一个人物——李莫愁，因为对于一个书生的痴迷，对于一段不成熟的爱情的固执，让她成了一个疯狂的女魔头，成为全武林的敌人。那是不是真正的爱情暂且不去评价，她固执地坚持并没有得到对方的回应就是最好的说明，再者从小辛苦学艺，寂寞而美丽地长大，就是为了一段爱情吗？这段苦苦的守候，为什么在杀掉对方之后仍然不能平息？她爱上的不过是一种爱人的感觉，是一种幻觉，爱情是现实的，这样的幻觉决不会带给女孩任何幸福。如果她能给自己更多选择的机会，能够让自己退一步，不苦苦纠缠，她的人生就不会永远沉浸在仇恨的毒汁当中。

世界上这样痴傻的女孩并不少，为了所谓的“爱情”，自杀、杀掉情人或者情敌，最后也让自己沉浸在仇恨和折磨中。这就是所谓的“痴”，固执地坚持如果注定不能得到你想要的结果，就应该学会果断地放手，学会取舍，学会让自己拥有更多选择，是人生通往幸福之路的必然。人生有很多可能，让自己走到别无选择的地步，不是很惨吗？

很多时候，并不是客观上别无选择，而是我们主观上不想去选择其他的可能，认为自己固执坚持的就是对的；认为只要自己坚持下去，就能够得到自己想要的；认为自己有能力坚持到事情出现转机的那一刻。这是一种自欺欺人，一个人如果不能放下没有希望的东西，在自己看来永远有希望，但在别人看来他已经病入膏肓。

杨澜曾经创立阳光卫视，但这次选择也成了她人生中最大的挫败。她从小受到的教育是“决不放弃”，但在方向判断错误的前提下，她越坚持越努力越付出，反而越痛苦。对于这段经历，她曾经说过这样一段话：“有人说，战士和商人不同，战士坚守阵地，直到流尽最后一滴血；而商人要像置身于一个舞厅，随时想到出口在哪里。而我却在商场上像一个战士一样坚持着。”她的先生也曾经劝她：“你一定要战胜自己的感情，一定要放弃。”最终她决心承认了自己的失败，才终于走出了人生的沼泽区。很多时候，我们固执地坚守，并不是因为能够看到希望，而是我们的感情不愿意认输，不愿意屈服，但输不起、放不下的人，就没有资格谈人

生的胜败，更不可能得到成功和幸福。

她谈论的那段话更是引人深思，战士需要坚守阵地，但很多时候，我们并不是一个战士，很多地方更加不是战场，不是输赢、胜败就能决定什么，更不是坚持就一定能够有结果。固执的后果，往往是我们把自己人生所有的出路都堵死了，最后只得坚守看不到希望的阵地。这不是很可笑吗?

人生不是一场战争，而更像是一场由无数大大小小的战局组成的战役，并不是一场定输赢，承认暂时的失败，并不会让你有更多损失，不计较一时的输赢，才可能有更多赢的把握。只要自己的放弃能够赢得更多机会，能够对下一局更加有利，放弃未尝不是一种获得。计较过多、过于固执、过于倔强，你失去的也许会更多。

既然选择，就不要追悔

并不是做了正确的取舍之后就再没有烦恼，但如果懊悔，如果遗憾，烦恼和痛苦反而会更多。人们在取舍的时候，为什么常常犹豫徘徊，举棋不定？就是因为害怕承受不了取舍后的后果，就是害怕将来要后悔，所以每面临一次取舍，都会更加谨慎和理智，选择一种自己能够承受的痛苦来承担。

如果说决定之前最重要的是谨慎，那么，决定之后最重要的就是不要后悔。无论你选择哪一种状态，都会有缺憾，最关键的是你能不能享受自己的选择。如果总是在一边选择，一边后悔，人生就没有任何快乐可言，取舍就变成了一种没有意义、没有价值的行为。既然选择不能让自己避免两难，避免遗憾，还有什么必要做出取舍呢?

人生就是这样，得到了一样，往往就失去了很多样。人只有两只手，不可能把什么都紧紧握住不放，放手以后，如果能够做到不后悔，得到的快乐如果能够弥补失去的痛苦，那付出什么样的代价就都是值得的。为了让这个放手变得更值得，我们能做的就是增加自己得到的快乐，减少失去的痛苦。增加快乐的方式可能有庆祝、享受成果、努力让得到的东西增值、更加珍惜得到的东西。减少失去痛苦的方式就只有一种，切断你与曾经失去东西的所有联系，永远不再去想它，永远不为它后悔，这样你的痛苦就会降到最低，你付出的代价才最值得。

曾经看过一部电影《威尼斯之女》，当女主人公与贵族马克陷入热恋，懂得自己永远不可能正大光明地得到马克的时候，她唯一的选择是成为一个“政妓”。这是她唯一可以与马克平起平坐，并享有自己尊严和地位的方式。既然不可能放弃这段感情，既然被窘迫的生活所迫必须去做，那么采取什么手段有什么区别呢？做出抉择之后，她在马克失望的眼光中并没有后悔，而是享受这种生活和受到的保护，并在威尼斯陷入危险时拯救自己的国家，拯救自己的爱情。当法庭判她有罪时，她说：“如果一种制度，让女孩只有用某种方式才能与男人平起平坐，享有知识和尊严的时候，是个人的错，还是制度的错？如果男人不爱自己所娶的妻子，是谁的错呢？如果男人都爱政妓，宠妓有什么错？”法庭最后只好承认，是整个威尼斯都错了，是整个制度的腐败导致了女孩的堕落。

如果她不能享受宠妓的生活，如果她一边在做宠妓，一边在后悔、愧疚，在难过、难堪、尴尬，瞧不起自己，她就不可能理直气壮地认为自己没有错，也就不能维护自己的国家和爱情。如果一个人一边做出选择，一边后悔、愧疚，她也永远不可能安心快乐。既然做出了选择，无论痛苦还是后悔都无法改变已经造成的后果，都不可能重新选择一次，唯一让自己安心的方式就是相信自己的选择是正确的，也许会在未来被证明是正确

的，在明天带给你某些好处，只有这样才能让事情朝着积极的方向发展。

任何选择都是这样，无论你决定了怎样的取舍，事情都可能朝着好的方向发展，也都可能朝着坏的方向发展，而“后悔”“遗憾”这种情感往往是事情朝着坏的方向发展的催化剂。往往你看到了什么就拥有了什么，你感受到了什么，你的人生就是怎样的。没有什么错误比在作出决定后去后悔更加严重，“逝者已矣，来者可追”，只有朝着前面看，才能安心。

每一次的取舍不妨都淡然处之，就算错了，以后也总会有改正的机会，遗憾是最没有用的事情，只要取舍之前做了反复的思量和比较，做了谨慎的处理，就没有什么可后悔的。失去的就是你不应该得到的，珍惜自己得到的，并不断赋予它更高的价值，更丰富的含义，才是更重要的事情。既然选择了，就要有勇气担当。

放手的美丽更隽永

放手往往是痛苦的，有些东西注定不是你的，所以注定要放弃。蚕如果不能果断放弃自己的茧子，就不能蜕化为美丽的蝴蝶；知了猴如果不放弃厚厚的硬壳也不可能自由地飞上大树，悠然歌唱。很多时候，必须要放手的东西，就是你的束缚、你的负担。

人不可能什么都擅长，不可能负担所有东西，只负担你负担得起的，只做你能够做好的，就是一种智慧。放手时，也许会痛苦、会犹豫、会受折磨，但卸下之后就是轻松，生命可以负担的重量是有一定限度的，正如一条船，超过载重就只有沉船的结果，即使不会沉船，也会大大影响它的速度。

很多时候，不放手就是在拖累自己，拖累他人，比如，你的亲人、朋友、爱人。很多时候，不放手也意味着你将失去更多，甚至你最重视的东西。曾经有个中文系毕业生被一家媒体录取了，工作是摄影记者，编辑看上了他看事物的独特视角，但是希望他同时好好锻炼自己的摄影技术，毕竟他不是科班出身。一毕业就找到了这样的好工作，同学们都很羡慕他，但他并不知足，在业余时依靠自己的文笔做一些编辑短信的工作，而且对于同事的支使非常不满，并准备考研，牢骚道："我就不信等我考上了研究生，你们还敢支使一个研究生做这些杂务。"并没有把编辑要他好好练习摄影技术的事情放在心上。实习期过去后，这家媒体没有留下他，编辑语重心长地对他说："人生的目标必须一个一个去实现，你舍不得放下别的，对自己的分内工作不负责任，太浮躁了，还是好好想一想吧。"

因为不懂得轻重，结果连最重要的工作都丢掉了，有多少人在犯这种错误呢？因为不想放弃一段错误的婚姻，结果彼此都受折磨，连最重要工作都受到影响；因为舍不得一些兼职的收入，而影响了自己的本职工作；不想对财富、名利放手，而失去了自己最爱的人；不想对一段仇恨放手，而失去了自己的平常心；不想对一些地位放手，而失去了自己坚持的人格。

人生有很多遗憾正是这样造成的，因为舍不得放手，而为自己添加累赘，因为负累过重而失去了自己一度重视的东西，等到失去的时候，才悔不当初。人的精力是有限的，这方面放得多了，那方面就放得少了，如果什么都舍不得放手，就意味着什么都不能深入。

曾经看过一段小文章，一对父子去某家著名的大酒店去吃饭，吃完饭后去音乐厅欣赏小提琴，富商儿子对着拉小提琴的乐手羡慕地说："记得我十几岁的时候也学过小提琴，如果不是父亲逼我放弃的话，我也可能有资格会在这里拉小提琴。"父亲淡淡一笑："那你就没有在这里吃饭、欣

赏的资格了。”

懂得放手的人心灵才不会过于沉重。放手就是让你学会把一些对于你来说无关紧要的，对于你来说可能是生命的累赘的东西丢掉，可能是一次机会、可能是一些财富、可能是某个佳人的暗恋、可能是一段恩怨，放手了不仅仅是你自己轻松了，别人也会因为你的放手而得益，也会在内心感激你。

看过《罗马假日》的人最后都会钦佩那个记者和那位公主，因为他们真正懂得自己的责任在哪里，自己的品格是怎样的，所以他们放手了唾手可得的爱情，而各自选择记住这一段美丽的经历，记住彼此在对方内心深处留下的美好印象，他们也真正得到了安心。一种对自己生命负责，对自己的人格负责的安心。

理智地放手比纠缠更能够让人得到内心的安宁和喜悦。放手的美丽、愉悦和轻松往往使你更加快乐，使你的生命更加饱满，更加成熟。女孩学会放手，就是学会了一种让自己生命质量得到提升、人格境界升华的手段，这样的女孩往往会因理智和豁达而更加美丽。

选择取舍，珍惜当下

等过公交车的人大概都有这样的经验：终于等到了那路车，可是过于拥挤，于是有人拼命挤上去，有人选择继续等待；挤上车的人刚刚为能够在车上有一个立锥之地而有一丝丝窃喜，却看到后面来了一辆空车；等待的人等来的可能是一辆空车，更多的可能却是一辆更挤的车。是继续等下去还是拼命挤上车？看似简单的等车却包含着等待、选择以及取舍的智慧。

当期待着某件事时，我们心里便有了焦灼；当有机会时，我们便有了冲动，努力争取；当有了压力时，我们便有了舍弃的想法。可是当最终被迫决定舍弃时，内心却常常没有舍弃的决绝。就如同那些选择上车的人因为可能遇到下一辆空车时的后悔，如同那些决定等待的人因为下一辆车更加拥挤而懊恼。

怎样的选择都要面对另一种更好的可能，因此怎样的选择都可能会后悔，既然选择了不如心甘情愿。取与舍的选择，常常让我们心情纠结，取有取的忐忑不安，舍有舍的不甘，然而一味期待，永远不作出取舍，却会让我们永远失去希望。取舍之间的迷茫、疑惑和痛苦永远不可能因为做出了选择就会消散。因为放弃而产生的痛苦，和因为取得而产生的迷茫一样会折磨我们。既然作出了选择，就要决绝，珍惜你取得的东西才是最重要的。

当你选择了一条道路，就不要去想象另一条路上的风景。当你选择了一种方案，就不要对另一种方案再做预测。当你选择了一种人生，就不要再去艳羡其他的活法。无论艳羡、嫉妒还是后悔都是无用的，只有抓紧自己手里真正属于自己的最重要，其他的只不过当成人生路上的风景，可以欣赏，却不必去拥有。

曾经看过这样一段话：“不要为了一棵大树，放弃一整片森林。”当时是讲恋情的，宁愿不恋爱，也不想放弃与更多人恋爱的机会。于是等待着，等待着，你永远有可能拥有一大片森林中其中的一棵大树，你有这个资格。但就算随便你选，也绝不可能同时拥有一大片森林，更何况可供选择的大树会越来越少呢？回头时也许发现，原来这片森林并不是自己的，原来可供自己选择的并不是那么多，如果当时能够果决地放弃那片森林，也许自己早有了一颗粗壮、茂盛的大树，而不至于做一个不上不下吊着的“剩女”。

只有握在手中的，才是你自己的，只有珍惜握在手中的，才可能将自己的所得最大化。人只有一双手，所以注定握在手中的不会太多，这就是为什么选择了反而更后悔的原因。因为你不一定是在两个之中选择一个，更多的可能是在十几个甚至上百个之中选择一两个可能。如果你有十个选择，你永远只能够得到其中的十分之一，而放弃的却是十分之九，所以做出了选择反而会更后悔。人们总是忘了，其实你只能得到十分之一，尽管是任何一个十分之一，总以为这十个可能都是属于自己的，把十个可能变成了十个确定，怎么能不生出不甘之心呢？这样得到的东西怎样会生出珍惜之心？

带着不甘和懊悔，永远不可能享受到取得的快乐，失衡的心理会让你无限失望，失去了本应得到的快乐。

生活中的大智慧往往就在这里，无论自己放弃了多少或多好的机会，你都不必去回头看它。只为自己得到的东西而庆幸，只珍惜自己取得的。女孩们哪一个没有几段恋爱，刻骨铭心的初恋，最爱的那个人，最爱你的那个人，最后决定跟他在一起的那个人，这几个一定是一个人吗？当午夜梦醒，望着身边正打着呼噜的枕边人不会生出后悔之心吗？如果再看看别人光鲜的生活，也许会更加失望。直到有一天，你发现原来自己的初恋，自己最爱的那个人原来也不过如此，他也是一个会发酒疯、会抽烟、指甲黑黄、会穿着拖鞋上街的男人，你才会心理平衡一些。

如果学会珍惜自己已经得到的，就不要计较已经舍弃的。只看到自己得到的东西或者人的好处，想着怎样才能够为自己已经得到的增值，怎样让自己得到的更有价值，怎样让自己的生活更舒服，更有质量，少了那些可惜，多了一些珍惜，可能生活会更加美好。选择取舍之后，就要珍惜自己得到的，永远用珍惜的眼光去看待自己选择的生活方式，这样才能得到更多幸福。

卸下沉重的负担，才能获得新幸福

过去的无论是失去的、放弃的都是人生的负担，只有卸下这些负担，轻松上路才能够得到真正的幸福。生活在过去的人永远不能快乐，很多人总是在为之痛苦，生活在过去的阴影中。

如果把过去的每一天都当成一个包袱，带着那么多包袱上路，自然沉重无比，生活不可能轻松快乐。当然这些包袱有好的，也有坏的，当你背着的是快乐的回忆、生活的经验、美好的感情，这些就可能是你背上的氢气球，让你活得更加自在洒脱，飘飘然；如果你背的是痛苦的回忆、仇恨和怨毒、惨痛的教训、生活的抱怨、悔恨和苦恼，这些就是你背上的石头，让你的脚步沉重无比，无法迈向未来，得到新的幸福。每个人背上都有那么几块石头，让自己走得更踏实，也都有几个氢气球，让你的生活相对轻松一些，只有保持一定的平衡，才可能在现实生活中过得淡然自若，宠辱不惊。

如果你背上的负担过重，过去的教训过于惨烈，悔恨过于深痛，就很难有一颗平常心，用积极的眼光去看待这个世界。最好要卸下这些负担累赘，生活才能轻松愉悦一些。无论是过去得到的还是过去失去的都可能成为你的累赘，不为得失所累，才能在现实中做出理智的选择，才能更好地享受人生。

《安徒生童话》中记载了一个这样的故事，踩面包的小姑娘。乡下姑娘小英娥因为过于高傲，觉得自己了不起，于是在回家探母的路上，把主人送给母亲的面包放在了泥坑里，以免弄脏自己的裙子。因为把上帝赐予的面包像石头一样踩在脚下，于是小英娥受到了惩罚，沉到了沼泽之下。在地狱中，小英娥无论怎样悔不当初，怎样懊悔莫及都不能减轻自己的罪孽。一个天真的小姑娘给了小英娥最深的怜悯，在生命的最终，这个上帝

派来的天使为小英娥而哭泣了，于是小英娥得救了，从地狱中飞出来变成了一只小鸟，这只小鸟于是把所有自己寻找到的食物都分给其他的鸟儿们吃，直到它分给其他鸟儿的食物，到了和曾经踩在脚下的面包一样大的时候，才卸下了背上沉重的累赘，到天国去了。

如果你曾经为什么而感到后悔，曾经为什么而遗憾痛苦，那么，你要知道只是遗憾是不管用的，只有用行动来补偿才能赎掉自己的罪孽，才能卸下心灵上的负担。而只有卸下这种负担才能得到新的幸福，多少人曾经在上帝恩赐的礼物上踩过而不自知，多少人曾经用自己的高傲和自负伤害过他人，多少人年轻时曾经错过最应该珍惜的那个人，所有的一切也许都会让你感到悔恨，然而只有悔恨是不能够自赎的，只有用善行补偿自己曾经做错的，选错的，才能赎罪，卸下心灵的负担。

这种补偿可能是一笔善款，可能是公布当年的真相，可能是将更多的善意传播给他人，只有做到了才能内心安宁。卸下负担不仅仅是语言上态度上的，更重要的是行动上的。如果你曾经悔恨，而被你辜负的人已经忘记了你的恶行给他造成的不便，他就已经放下，而你却放不下了。只有还了这笔债，你才能享受前面的幸福，为了内心的安宁，不仅要争取他人的原谅，更重要的是做出些可以让自己安心的事情，才能真正放下。

过去的荣耀，如果你已不再享有，就不要用回忆和复述来吸引别人的称赞，唯有努力开创将来的辉煌局面，才可能有新的成功，获得更多赞誉。总之，每一天都是新的一天，在新一天开始的时候，如果内心有愧疚，赶紧补偿；如果内心有浮躁、虚荣，赶紧丢掉，清空自己的内心，才能装下更多的快乐；卸下旧的负担，才能享受更快乐的人生，得到更多的幸福。

第5章

心怀感恩：带着感激与珍惜让女孩更具魅力

感恩，是人类最美好的感情，最美好的行为。懂得感恩，才能欣赏和珍惜自己拥有的，才能得到他人的尊重和重视，心灵也才可能得到满足。不懂得感激，永远都在埋怨命运给予的太少，人生充满奢望和贪婪，怎么可能得到心灵的平静乃至幸福？当失去的时候，再想感激和珍惜已经晚了，所以从现在开始，就学会感恩吧！学会善待父母、报答恩师、感激每一个曾给予你善意和帮助的人！

学会感恩，触摸幸福

有人说：“感恩是一种追求幸福的过程和生活方式。”一个人如果有了感恩之心，时刻感激他人，那他就很容易得到幸福。感恩心态很多时候就是一种满足心态，如果感觉不满足，自然会怨天尤人，更谈不上感恩了。如果对生活满足，并因此而感激上天，感激周围给你带来种种方便和帮助的人，怎么会不幸福呢？所以说感恩是一种追求幸福的生活方式。

“感恩”这个词汇原本并不独立在中文词汇当中，属于一个“舶来词”，来源于感恩节。在美国和加拿大，每年的11月最后一个星期四是感恩节，是美国人合家欢聚的日子。它的由来要追溯到遥远的17世纪，美国历史的开端。1620年，一艘名为“五月花”的船载着102名英国清教徒来到了北美洲，就在这年的冬天，他们遇到了难以想象的困难，饥寒交迫，疾病流行，只有50来人活了下来。善良的原住民印第安人给他们送来了生活必需品，还教给他们怎样种植玉米和南瓜。当然仁慈的上帝也没有忘记他们，那年的气候格外好，他们种植的庄稼都获得了丰收。最后，他们按照宗教传统习俗，举行了欢庆丰收，感谢上帝的典礼，并邀请帮过他们的印第安人一同庆祝节日。所以，这其中“感恩”有着双层含义：感谢上帝的赐予（没有宗教信仰的人也应该感谢大自然慷慨的赐予）；感谢他人的帮助。

今天我们领会“感恩”这个词，就不仅仅是知恩图报那么简单：感恩是对于有限生命的无限珍惜，感谢上天，无论如何我还活着；感恩是对于生命状态的一种释然，无论生活怎样，我始终为此而满足，从不抱怨；感恩是对于自然无限慷慨赐予的珍惜，生命和阳光一样都不缺少，我们丰衣足食的一切都来自于大自然的恩赐；感恩是对于陌路人关怀的感激，人与人之间的一切关爱都是值得我们无限感激和牵挂的。

对于周围的一切，如果我们能够这样看待，生活中就少了很多抱怨，无论如何，珍惜我们拥有的，才能感到幸福。如果有人总觉得别人亏欠自己，从来感觉不到他人给予你的一切：生命、工作和表现自我的机会、没有炮火连天、衣食无忧的环境等；而只想着命运给他的磨难，别人给他的阻碍，就只会怨天尤人，他的心里就只能产生抱怨，而不会感恩。这样的人怎么可能体会到生活的快乐？怎么能感受到那些细微的喜悦和爱？

所以说感恩也是一种健康的心态，只有懂得感恩，生命才会得到滋润，才会看花花好，看月月明。有位哲学家曾说过：“世界上最大的悲剧或不幸，就是一个人大言不惭地说，没有人给我任何东西。这样的人只会抱怨命运，抱怨他人，从不懂得报答、满足和珍惜，对他人的帮助视作理所当然，当然也就很少朋友，命运也会不自觉地抛弃他。”

一个人怎样才会感到幸福？在你获得成就，在你完成一个作品获得无数掌声的时候，我们可能会感到兴奋和快乐。可平静下来的时候，你能够感到自己心里不由自主的喜悦吗？如果没有，那就还没有领会幸福的真正内涵。可能每一个初为人母的人都有这样的体会：当你把那个粉嫩嫩、肉嘟嘟的小生命搂在怀里，看他平静地呼吸和呓语时，你甚至会不舍得眨眼，内心油然而生一种喜悦、满足和骄傲感。这种感觉常常是突如其来的，这也许就是最难以捕捉的幸福。

它就在我们身边，可却看不到，因为我们习惯了有阳光，有清风也就

不觉得那是多么难得的东西，对这些也就视而不见了。其实幸福就是一种感觉，只有当我们感到上天赐给我们这么多珍贵的东西，人们给我们这么多帮助和关注的时候，我们才会感激，才会感到拥有的幸福。

有一次去南方出差，刚好赶上了那里的“梅雨时节”。缠缠绵绵的细雨一直下了十来天，天空总是灰蒙蒙的，仿佛感觉不到天黑和天亮的分际；身上永远像粘了一层，湿漉漉的，真想钻到烘干机里不出来。终于到回北京的时候，从飞机上下来，突然感觉北京真好！原来北京的阳光是那么清亮，那么灿烂，原来太阳照在身上是这样温暖而舒适，原来北京的天这样蓝，这样高。生在北京，住在北京原来这样舒服，这样幸福，心里甚至隐隐有了感激：幸亏爸妈把我生在了北京！从此再也不羡慕天堂一样的苏杭了。

其实，用感激的目光看待周围的一切，一切都是那么美好，生活是那样幸福，还有什么不知足的呢？学会了感恩，也就是接近了幸福。

心怀感恩，善待他人

北美流行感恩节，在那一天，所有的美国人和加拿大人都会和自己的家人团聚，以此来感谢上天赐予的好收成，感激曾经分给他们食物，帮他们渡过难关的印第安人。

那种充满着感激的态度，让我们深深感动，生活中很多人都会有很多抱怨：公交车太挤，上司太苛刻，同事太冷漠，人们真世故，伴侣不够漂亮，孩子不乖巧不如别人家的聪明，上班太累，娱乐太少，工资太少，人们总是抱怨拥有的少……很少懂得感激上天的赐予和周围人的友善，即使有别人为你分担一些小烦恼，你也往往以一句简单的“谢谢”或者一顿饭一带而过，很少真正从内心感激别人，或者回报他人。

正因为多抱怨，而少感激，上苍往往把慷慨赐给人们的福利收回去。当你不感激肥沃的土壤，而用各种方法践踏它，土地就会板结，甚至沙漠化；当你不感激大地蕴藏的众多矿藏，反而变本加厉把更多垃圾埋入地下，土壤污染就会更严重；当你抱怨冬冷夏热，并试图无限改变室内温度，于是温室效应增加，极地冰川开始融化，也许有一天很多国家都会被海水淹没；当你抱怨人们之间尔虞我诈越来越严重时，于是更多冷漠的人出现了，甚至孩子被撞倒在路边，都没有人上前理睬；当你抱怨孩子不够乖巧、不够上进，于是更多孩子在重压之下心理畸形，甚至自杀。

世界就是一面镜子，当你对别人心怀感恩的时候，别人也会对你感激、援助；当你无限度地抱怨、猜忌的时候，人们就会对你越来越冷漠无情，越容易猜忌你。用一颗感恩的心来善待他人，你会发现自己变得越来越快乐，懂得对他人的帮助表示感谢，他人会更加尊重你，让其他人也对你心怀感恩。

感恩本身就是一种追求幸福的过程和生活方式，当你从积极的心态来看待别人的行为，自然会对别人充满感激，然后用积极的心态来帮助他人，善待周围的人，“赠人玫瑰，手有余香”，你自己也会感觉快乐。如果你总在怀疑他人别有居心，即使别人一片赤诚，也难免被你怀疑，你就很容易产生抱怨和仇恨，生活在这种抱怨的心态之中，就算诸事顺畅，你也感觉不到别人的善意，毫无幸福可言。

其实生活中有很多值得我们感恩的事情，只有静下心来，用心去体会周边的世界，你才能够发现。同事总是能够给你支持和配合，不管是不是他的分内事；无论是否出于对我们自己才能的欣赏，总有人喜欢我们，并跟我们结成好友；父母会无条件地爱你，孩子会无理由仰慕你，并认为你说的是正确的……乌鸦有反哺之义，小羊有跪乳之恩，对这个世界，唯一

能够回报感激的方式就是不求回报地自觉奉献。如果你能够对陌生人都存着一份善意，善待他人，就是对社会感恩的最好方式了。

从现在开始，就感恩命运，感恩朋友和亲人，感恩生活，用感恩的心态为人处世，你将收获更精彩的生活。心怀感恩，就更容易接近幸福。

珍惜点滴，用心对待此刻

学会珍惜现在所拥有的点点滴滴，不为已经失去和错过的后悔、哭泣，才能感受到当下的可贵，珍惜当下，学会感激，才能享受真正的幸福。我们身边的人往往不是没有福气，没有快乐，而是漠视身边的小快乐，忽视身边的风景，世界上自然也就没有好景致。

心中有幸福，幸福就在你身边。人们总是马不停蹄地追赶前方的梦想，总是为没有得到的东西疲于奔命，而忘了停下来，看看周围的景色，珍惜一下周围的人和情感，于是日子总是在缅怀过去和展望未来中过去，总也享受不到今天的快乐。古希腊神话中，有一个痛苦的双面神，传说中他长了前后两个面孔：既可以看到前面也可以看到后面；既能查看过去也能展望未来，他既能吸取曾经的教训，又能憧憬无限美好的未来，但唯一无法做的事就是把握现在，所以总是生活在痛苦之中。

现代人常常在重复双面神的悲剧，不是喜欢缅怀“当年勇”，就是喜欢追求不属于自己的未来，唯独不会珍惜和感激当下，所以总生活在空虚和痛苦当中。记得《西厢记》的故事吗？它其实取材于一个诗人的故事，诗人遇到了美丽的小姐，但为了考取功名离开了她，她最终等不及嫁人了，经年后重逢，佳人只送给他一句话“不如怜取眼前人”，过去的已经逝去，再也无法留住，而未来则是现在的延续，是无法得到的，如果不懂得珍惜当下，一切又有什么意义呢？后悔没有意义，祈盼不一定能成真，唯有今天的努力是最有意义的，唯有眼前的爱是实实在在的，只有认真享受此刻的快乐，才不负命运对你的恩赐。

生活中不懂得珍惜的人何其多，其实未必是不懂得珍惜啊，不过是没有在意罢了。有时总觉得时间是用不完的，总觉得那个爱你的人是永远在等着你的，总觉得日子还长着呢，总觉得享受不急于一时，总觉得还可以有无数个日日夜夜，有无数个瞬间可以享受，可以回忆。可是，往往忙着忙着，忽然发现，自己的皱纹已经爬上眼角了；总是像路边的树，客厅的沙发，卧室的床一样稳定存在着的那个人，不知道心思转到哪里去了；忽然发现，你以为的几千几万个日子忽然缩短到了可以数过来的几百天，甚至几天，而真正属于自己的日子已为数不多了，自己好像还没有干些什么。

当下没有在意，等到知道在意时往往为时已晚。记得曾读过一个小故事，一个九岁的小女孩得了病，只有短短几个月的生命了，她的爸妈忽然发现原来还有这么多事情没有陪孩子做过：他们甚至没有一张全家福照片，因为爸妈总认为也许还有更好的时机陪孩子去照；自己已经那么长时间没有陪孩子去游乐园了；原来女儿在家里留下这么多温馨的印记。如果孩子没有得病，平平安安长大，可能这些让人感动的成长痕迹就全部被抹杀了。

人生就像一条河流，当你经过一块鹅卵石，经过一座村庄，经过一片树林，经过一道峡谷，你并不以为它是最美的，甚至以为它是最平凡、最司空见惯的风景，你以为自己就永远在这种枯燥的流动中看这些枯燥的景色，并为此感到疲倦，可当你流到大海时才知道，过去的风景原来永远不再回来了。沿途那些优美的风景原来都是你生命中的唯一，对你而言都是最珍贵的东西。

学会珍惜生活中正在发生的点点滴滴；无论是快乐还是烦恼，学会用享受的眼光去看它，学会用旁观的眼光去感受；把任何一种经历都当成一种人生体验；不要盲目追求所谓的完美和虚无缥缈、遥不可及的幻想，任何过去的人和事，错过了就不再后悔；多看看周围自己觉得最平凡的事情；多看看被自己忽略的，可是还在原地等待自己的那个人。

生活虽然多姿多彩，充满刺激和意外，但感受幸福却不是一件容易的事，往往直到走到生命终点的一刹那，才猛然惊醒，原来幸福是如此简单，就在身边，就在此刻，但却不多了。所以学会疼爱自己、珍爱生活、关爱朋友、善待亲人吧，现在就学会珍惜点滴，珍惜现有的工作和职位，珍惜同事间的感情，珍惜每一个美好的日子，珍惜每一个让你感动的瞬间，因为只有懂得珍惜、懂得感恩、懂得宽容，知足常乐，用最美的心态对待此刻，才能感受到幸福的滋味。

感恩不只是一种心态，更要成为行动

感恩不仅仅是一种心态，更应该化为一种行为，珍惜今天所拥有的，把自己所拥有的和其他人分享，就是一种感恩的行为。

在我们的教育当中，感恩包括：感谢、感激和报答、报恩这两个部分。

感激、感谢一般是口头上表达谢意，可能在生活中转化为一顿饭、一桌酒、一张贺卡、一些礼物等，对于比较小的恩惠，一般会采取这种回报方式，因此这种酬谢，更像一种交往方式。回报、报恩则一般属于行动上的感谢，所谓“大恩不言谢”，连言语都用不上了，而且不是任何礼品能够酬谢的，欠下了太大的恩情，就只能用日后的行动来表示。

很多古代的“义士”都有这种“报恩”的行动，赵宣孟因为救了一个快要饿死的人，这位壮士想到没有什么可以酬谢恩人，只好“大恩不言谢”了。但三年后，晋灵公杀害赵宣孟时，这个人刚好是晋灵公派出的其中的一名刺客，于是这个人放走了赵宣孟，与其他的刺客相斗而死，救了晋灵公一命。

韩信年少时，困苦不堪，一位老婆婆同情他，不断救济他，给他饭吃。他于是感激道：“将来必定重重报答。”老婆婆却很不高兴：“男子汉连自己都养活不了，我是图你的报答吗？我是出于友爱之心，男人不要信口开河。”韩信于是不再说这话，但被封为齐王之后，还仍记得这位老婆婆，于是命人送给她黄金千两来报答她的恩情。

这些都是古人对所谓“滴水之恩，当涌泉相报”的最好阐述。他们对于对自己有恩的人不仅仅是感激之意，而是真正回报了他们的帮助，回报了他们的好心，于是人们更愿意帮助知恩图报的人。其实，人在社会上与其他人之间要正常地交流和交往，就必须要互相帮助，以互帮互助作为基础，来加深彼此间的感情，达到相互交流、帮助和满足人类心理需求的最终目的。这种相互帮助之间不但要彼此提出要求，表明自己的需求，更重要的是满足他人的需求，并对彼此给予的满足与帮助表示感情上或行动上的回馈。如果没有这种情感回馈，人们就会生出对对方的不满或者一方的帮助始终得不到对方的呼应，这种交往就会中断。

如果仅仅把感恩理解成一种语言或者心态上的感激，而没有实际行动上的表示，往往就会显得虚情假意，起码会让帮助你的人感到不舒服，就像韩信信口说以后要重重回报老婆婆，而对方不领情是一个道理。

说到这里想起一个小故事，一对夫妇一时兴起资助了一个小男孩某学期的学费，结果收到了小男孩的一封信表示自己一定要好好上学，长大后报答这对夫妇。这对夫妇看了很高兴，于是不断地资助他，男孩也不断来

信，一再表示长大后要报答他们。孩子大学毕业后，某天写信来要到这对夫妇家探望他们，这对夫妇商量着大概孩子要“报答”他们，并商量好孩子刚刚工作，一定不能要人家的东西。结果，孩子跟他的母亲一起来了，最后母亲却支支吾吾地说道，想要这对夫妇帮孩子找一个“饭碗”，以后一定“重重报答”他们。面对这一幕，两个人目瞪口呆。

感谢上天恩赐的食物，不仅仅要跪拜或者祈祷，更重要的是珍惜这些食物，把它们都吃掉而不要浪费；感谢别人的帮助，不仅要说一句干巴巴的“谢谢”，更要表示出自己真心的感激之情，日后给对方力所能及的帮助；对陌生人的善行有一颗感恩的心，就要把更多的善行施与更多的陌生人，有爱心、懂慈善、真心关爱他人，这才是真正的感恩：更多的不是体现在“说什么”，而是体现在“做什么”。

如果希望得到更多人的尊重和重视，如果希望得到更多的帮助，就不要吝啬感恩的行为。当众说出某个人对你的帮助，你对某个人的感谢，就是对别人的欣赏和赞扬，这样的口头感恩同样比“谢谢”这个词更能表达你的感激之意。感恩的方式有很多种，可以当众宣扬感激某个人的帮助，也可以用动作表示出自己真诚的感激之情，这些真心的感恩都能感动你身边的人，让更多人尊敬你，你的内心也会被净化，感到无比快乐。

以德报怨是最高境界的感恩

曾经看过这样一段话，感慨良久：

感恩伤害你的人，因为他们磨炼了你的心志；

感恩欺骗你的人，因为他们增进了你的见识；

感恩遗弃你的人，因为他们教导了你的自立；

感恩绊倒你的人，因为他们强化了你的能力；

感恩斥责你的人，因为他们助长了你的智慧；

感恩鞭打你的人，因为他们消除了你的业障。

可见从好的方面想，无论是怎样对你的人，都可以给你磨砺，对你的成功产生助益。无论别人的行动怎样，只要有感恩的心态，所有的一切磨难都是在成全你，所有的一切刁难、伤害都能够让你更加成熟，增加你的经验和智慧，这样以怨报德的心态才是最为动人的感恩心态。

感谢命运赐给你的一切磨难，感谢敌人给你树立的敌意，这一切都让你不断成长，把所有的教训都当成一种人生历练，这是豁达的智慧，往往能够化解周围人的敌意，更能够让自己的能力不断提升。

想一想的确是这样，事情已经发生了，不忘记别人的敌意又能怎样？把仇恨放在心间，时刻想着怎样报复回去，你会更加快乐吗？再者，你的怨恨表现在眼睛里，表现在行动上，难道不会让那些人增加防备，对你有更深的敌意？敌意和愤恨往往是在互相传递间加深的，从你眼中传递出的怨恨，反馈到了对方眼中，会加倍再反馈到你的心里，又会更加严重，不过反反复复消耗你们彼此之间的精力而已。反而不如把那一点点怨恨放开，不再去理睬它，就算对方对你再有敌意，因为信息得不到反馈，仇恨没有回应，逐渐也会淡下来。

如果能够做到以德报怨，则对你有更多的好处。俗话说“伸手不打笑脸人”，就算有再大的敌意，也不能对一个不计较仇恨，反而以德报怨的人愤恨不已。而周围的人看到你的为人处世，看到你的胸怀宽广，只会更加尊重、敬佩你。当然以德报怨也要分情况，不是一味地怯懦软弱，如果是无法报复，不得不放过别人，只能让人看到你的窝囊、软弱，以为你欺软怕硬。真正的以德报怨是面对你有能力报复的人，展示你的能力之后，再放过对方，或者给对方一些机会，对方才会感激涕零，才能赢得周围人

的钦佩。

韩信年轻时，曾被一个年轻屠户侮辱：“个子高大且喜欢佩剑，但内心却很懦弱，假如你不怕死，那就刺死我；不然的话就从我胯下爬过去吧。”韩信注视着那个屠夫，终于忍着屈辱从对方的胯下爬过，集市上的人都讥笑他，认为他胆小如鼠。这就是所谓的胯下之辱，这个时候为什么人们不认为韩信心胸宽广，重视人命，反而觉得他懦弱胆小呢？只不过因为他没有报复的能力罢了，所以这种行为就变成了一种无奈和屈辱。相反，当韩信被封为齐王以后，在路上看到了那个屠夫，说他是个“勇敢的人”并把他封为巡城武官，反而得到了人们的交口称赞，认为他真正心胸宽广。难道饶别人一条性命还没有封别人一个官职恩德大吗？不过因为他的地位改变了，于是别人的观点就改变了而已。

从此可以看出，最重要的不是你施与的恩德，而是你能够怎样成就自己。如果能够成就自我，你的饶恕、你的宽大才是有意义的，才能被称为“以德报怨”。如果不能，你的恩德不过是一种不甘心的无奈罢了，只能彰显你的软弱。

当然也只有当时咽得下气，能够吃亏而不报复的人，才能够最终成就自我，否则反复纠结于和某人的怨恨，消耗自己的精力，能有什么成就呢？

孔圣人也主张“以直报怨，以德报德”，别人恶意对你，不妨不要理睬那人的敌意，直接忽略对方的“恶”，并用这些折磨来激励自我，成就自我。当自己有一定成就，有报复的能力之后，再来“以德报怨”，用恩惠来报答别人以往的恶行，这才是真正的感恩，也才能让人体会到你的心胸宽广。

欲孝从速，对父母的感恩从此刻做起。“树欲静而风不止，子欲养而亲不待”，当子女想起去赡养自己的父母的时候，而父母这时已经等不及离我们而去了，人生的遗憾莫过于此。所以现在就开始好好孝敬回报自己的父母吧，人要学会感恩的第一步就要学会“孝”，古代很多典籍都把“孝父母”放在道德的第一位，是很有道理的。

古人常常说：“父母在，不远游。”就是希望儿女能够在父母身边，让父母能够安心。我们不可能完全做到，因外出求学、工作，遥远的距离往往隔开了我们和父母，似乎亲情也随之淡漠。我们总说自己太忙了，忙于升学、忙于升职、忙着编织自己的人脉网络，所以我们很多时候都在和半生不熟的人应酬，做些表面功夫，总认为“朋友”“机会”说不定转瞬即逝，父母却仿佛永远像大山一样等在那里，永远不会移动，不会走掉，不会消逝。

但是，山水一样稳固存在的双亲迟早一天也会离我们而去。无论是多大的生意，多好的机会，多少朋友都有再来一次的可能，但父母的生命却没有再来的机会，亲情是独一无二的。最平凡的感情往往就是这样，平时一点都不起眼，当你失去的时候，心中就会感到仿佛有了一个永远填不满的漏洞。与其日后后悔，不如今天就开始在膝下承欢。其实父母要求的并不多，周末抽出一点时间用心来陪陪爸妈，一周给父母打两三个电话，逢年过节给他们买点小礼物，去团聚时吃一顿饭，他们就非常满足了。

一首《常回家看看》曾经唱哭了无数的游子，有时面对现实，我们可能会非常无力。尤其是年轻人，想着回一趟老家，看一看爸妈，却觉得没有一点成就，无颜面对江东父老。父母并不期待着你的礼物和金钱，他们希望的往往是孩子能够陪伴自己。丘吉尔是第二次世界大战中的风云人物，有次一位记者采访丘吉尔的母亲，问道：“您是否为有一个当首相的儿子感到骄傲呢？”丘吉尔的母亲平和地答道：“是的。但我还有一个儿子正在田里挖土豆，我也为他感到骄傲！”可见，父母的爱是最纯净的，即使是最平凡的儿子，也是父母的宝贝。

父母含辛茹苦供我们读书，当然希望我们出人头地，飞到他们向往的地方，实现他们曾经的梦想。所以父母们常常理智地希望我们忙一点，忙点有出息，但他们同样也希望自己的孩子能够有一点时间陪陪自己，让自己有机会为自己的孩子忙一忙。每个父母都希望有一个“不争气”的孩子：父母想吃什么可口的饭菜了，他们会第一时间端来；父母病了，他们会第一个把药递到手里；父母需要扶持了，他们随时都是一根结实的拐杖；父母腰腿不舒服了，他们会经常伸出温热的手给按摩筋骨……

为人子女者，在能够在父母膝下承欢的时候，千万要珍惜，用感恩的心来陪伴、孝敬自己的父母，多顺着他们的心意，遇到烦恼的时候，不妨向父母讨教一番，让他们用自己的人生经验帮帮你，也让他们体会到能够帮助孩子的喜悦，这也是对父母的一种“成全”。

当然，忙碌的生活可能给不了我们更多的时间，不妨在和孩子、伴侣培养感情的时候，邀请上父母一起来参加。一起去游乐场，让他们照顾一下小孙子；一起去逛逛商场、超市，让妈妈教你一些购物诀窍，和妈妈交流一下做饭经验；公司组织旅游的时候，带上自己的爸妈来一次全家游；长假的时候，到父母家住几天；如果实在没有时间，不妨让自己的孩子充当几次小特使，哄老人们开心；撒撒娇，尤其是女孩，不妨睡到妈妈的床上去，半夜聊聊天，帮妈妈分担一下“弟弟妹妹们的烦恼”。

当然，在陪伴自己父母的同时，也别忘了伴侣的父母，因为他们也需要你们的陪伴。时刻记得感激父母的恩情，千万不要因为忙碌而忽略了父母，不要因为羞于开口而忘了表达你的感情，父母的生命往往在时间的飞逝中，消逝得非常快，不要等到失去了才后悔莫及。

懂得感恩的人，成功之路更平坦

很多人在比赛中、在舞台上、在成功时的获奖感言往往都是这样的："我感谢我的老师，因为他一直给我很多指导；我感谢身边的工作人员，因为他们一直协助我；我感谢我的朋友，因为一直有他们在身边鼓励我……"虽然是老生常谈，但这段话还是常常被人们以各种不同的形式引用。不管是真正认为自己在大家的相助下才会有今天的成就，还是一种客套话，但这会让曾经帮助过他的人心中暖融融的。

心中有感激他人的念头，嘴上有感谢之词，真心诚意地感恩并回报他人，会让人感觉到你的诚意，并真心地愿意帮助你。"一个篱笆三个桩，一个好汉三个帮"，有了他人的帮助，一个人自然更加容易成功。每个人的成就都不是他自己做出来的，少不了旁人的协助，如果不懂得感激他人，你的成功就变成一件极不容易的事。

不要小看别人小小的帮助，其实正是这些才能更好地成就你。郭沫若在排话剧《屈原》的时候，其中有一句台词是婵娟骂宋玉的："你是一个没有骨气的文人！"结果，感觉效果不好，于是加上"无耻的"三个字加强痛斥的力度："你是个没有骨气的无耻的文人！"结果还是不尽如人意。后来一位普通的工作人员觉得骂着不解气，主要是太文绉绉了，建议把台词改为白话文"你这个没有骨气的文人！"改了一个字就把那种痛斥的氛围和一个侍女的身份都表现了出来。

可见每个人都离不开小人物的帮助，成功人士更是如此。如果不懂得感恩，就会让人心寒，自然不会再一次帮助你，而失去了别人的协助，孤军奋战，成功的路就会艰难很多。同事曾讲过一件事，他们的一个主任因为一时太忙，把一份文档交给经理秘书来处理。结果在展示自己的成果的时候，却把所有的功劳都归了自己，没有提到帮忙的经理秘书一句，也没

有提过下属们提出的设想，做出过的协助。虽然下属不敢居功，但经理秘书却有意见了，毕竟她的帮忙不是理所应当的，这位主任连一句感激话都没有。从此以后凡有事拜托，必遭推脱，不久这位主任就被大家孤立了。

没有一个人能独自成事，众人的协助是非常重要的，如果不懂得感恩，不懂得回馈他人，关键时刻没有人帮忙，自己肯定会陷入被动当中。

懂得感恩的人还能够因此结交更多的朋友，人们的感情都是在彼此的反馈中增温的。“帮助——感谢——回报”这就是一个增加彼此间信任和情感的轮回，人们的交情就是在这个过程中加深的。如果一个人的帮助没有感恩的回馈，这个人就会冷淡下去。这会给人一个印象：某个人只懂得接受，不懂得付出和回报，不值得信任，不值得尊重，也就不值得结交。这必然导致一个人的人脉网络越来越少，成功也就遥遥无期了。

只有感激他人的付出，和其他人一起分享你的成就，分享你的快乐，你才会更加快乐。只有带领着更多人走上成功的道路，你才会有更大的成就感，一个人的成功只能说明你是优秀的，只有回报他人，带领他人也走上成功之路，才能让你从优秀走向卓越，你才能取得非凡的成就。

感谢恩师，尊师重道

居里夫人曾说过：“不管一个人取得多么值得骄傲的成绩，都应该饮水思源，应该记住是自己的老师为他们的成长播下了最初的种子。”老师对于学生的恩情是无限的，无论多么茂盛的一棵参天大树，当它是一颗小小的种子的时候，对于唤醒自己的第一滴水、第一缕阳光、第一束温暖，都应该怀着感激之情。

没有老师的启蒙与教育，一个人很难成材。老师只是一个领路人，一个向导，但缺少了这个领路人，你也许早就迷路了，或者根本不知道通向自己的目标有些什么路，要走哪条路，甚至根本不知道自己的目标在哪里。

不要小看平时的潜移默化，老师教给你的绝对不仅仅是一些基础的知识，一些人生的道理。对于一个学生来说，除了家人就是和同学老师待在一起的，相处的时间也最长，这其中对你性情的潜移默化，对你习惯的形成都会造成巨大的影响。甚至在你的人生观没有形成之前，还会影响你对世界的认识，对是非的判断，影响你的价值观和世界观，在老师自觉的引导和影响下，你会和他有相似的观点和爱好，你的人生目标也会受到老师的影响。

所以无论你有什么样的成就，至少有很大的功劳属于老师。对自己的老师要始终抱着一份感恩之情，尊重他们，不忘报答他们。

怎样报答恩师？最重要的是对于老师的尊重，古人说“一日为师，终身为父”。毛主席曾师从多位名师，对自己的老师一向十分尊敬，他曾经用自己的稿费和幼年启蒙恩师毛宇居一起吃饭。毛主席在其恩师徐特立60大寿之际，毛泽东在信中写道：“你是我20年前的先生，你现在仍然是我的先生，你将来必定还是我的先生。”

在一个人的境界提升以后，可能看待问题的观点和角度都不一样了，有时候学生比老师观点高明并不是一件稀奇的事，意见产生分歧也是很平常的。永远尊重老师的观点和意见是很重要的，你可以不同意，但一定要尊重对方，对老师保持一定的尊重就是对他们的报答。

一个老师最大的荣耀就是他曾经教出来的得意门生，学生的成就就是老师身上的光环。如果说苹果是老农的成果，那学生就永远是老师的成功，被老师引以为骄傲，是学生的光荣，因此，在自己的岗位上做出不凡的成绩，就是对老师最大的报答。教书育人，一个老师最大的骄傲就是桃

李满天下，使自己教过的学生都成才。古人说“桃李不言，下自成蹊”，桃树和李树不会说话，但它们结出来的果实，却径自吸引人把脚下踩出一条路，学生们就像桃子和李子，如果能用自己的果实吸引人们对于桃树和李树的仰望，就是对老师最好的报答。

很多人在不同的场合提到自己的恩师，大概也是这样的心思，借助人们对于自己的仰望和尊重为老师来传名。其实这是一个“双赢”的局面，对于老师来说，这增添了无限的骄傲，对于学生来说，这何尝不是一个知恩图报的机会？让人们了解到自己对于恩师的尊重，对于对自己恩人的报答，也就了解了自己的品性，也许有更多的人愿意帮助你，做你的助手。

曾经有人写诗：“借得大江千斛水，研为翰墨颂师恩。”老师对于一个人的恩情像大海一样宽广，是报答不尽的。永远记得这份恩情，就是对老师最好的报答。闲暇的时候，不妨给以前的老师打一个电话，送一份小礼物，有时间去探望他一下，都是报答恩师很好的方式。老师老了的时候，也希望看到自己年轻时环绕身边的学生们，看到他们的成就就像看到自己的成就一样兴奋，不妨常常探望一下他们，陪伴一下他们，共同回忆往昔美好。

第6章 豁达开朗，乐观的女孩更能得到幸福之神的眷顾

乐观是人生中的阳光，哪怕再多的困难和黑暗，都不能阻止一颗乐观的心对于幸福的渴望。自卑、虚荣、抱怨、嫉妒、多疑、畏惧、胆怯，种种消极心理，都是乐观的大敌，是得到成功和幸福的障碍，女孩们只有逐一清除这些心灵上的障碍，才更容易得到快乐。维护良好心态是一个漫长而艰辛的过程，需要我们不断自我修炼，只要有自信，只要积极面对一切不利的情绪和心态，总能使自己阳光起来，乐观起来，恣意享受人生的美好。

心态消极，就会斩断幸福之路

有一句名言叫作“态度决定一切”，无论痛苦、烦恼、忧愁还是快乐，幸福都是由你自己的心态决定的。“心态”在字典中的解释就是对事物发展的反应和理解表现出不同的思想状态和观点。对于任何事情，都可能用两种观点去看待，一种是积极乐观的，一种是消极悲观的，正如阳光下所有的东西都有影子一样，关键在于你看到的是阳光还是阴影。

乐观的心理会让你看到大片的阳光，总是朝着光明的方向，积极进取；而悲观的心理往往让你只看到黑暗的一面，对事物的前途、自己的未来产生绝望，往往让你消极颓废、浑浑噩噩、不思进取，在这种状态下，你的人生更容易朝着悲剧的方向发展。一个人的生活是幸福还是痛苦，人生是丰富多彩还是枯燥乏味，往往是由他自己的态度决定的。

女孩如果消极颓丧，生活没有目标，不懂得积极工作和享受生活，那么在她的眼里，人生中就只有烦恼和痛苦。因为没有追求，没有梦想，所有的现实就都是残酷的，人生是灰暗的，暗淡无光的，就算有高兴的事情，也像空中的鸟儿一样，随时会飞走，这样的生活怎么可能得到快乐？更有甚者，长期的怠惰和麻木会把所有的梦都浇灭，把所有的志气都消磨殆尽，也就消灭了你拥有更好生活的机会和可能，永远生活在社会底层，永远没有希望，这样的死水一样的人生，怎么可能得到幸福？

老天对每个人都是公平的，每天都会给每个人一些快乐，一些烦恼，但有些人总会感到快乐，奋力追求未来；而有些人则每天都能感觉到痛苦，一点小小的折磨，在他们的眼中都会变得无限大。哭也是一天，笑也是一天，况且磨难也不会因为你的哭泣而退却，既然这样，为什么不笑着面对生活呢？

如果你习惯了消极的思考方式，凡事总是往坏处想，遇事总是在消极被动地等待，不懂得努力去争取，你的生活和事业也会慢慢地走下坡路，一旦遇到风雨，习惯于躲藏在蜗牛壳中的你就会受到巨大的冲击，人生也会走向毁灭。很多时候，我们不能选择生活的境遇，我们却可以选择坚强而自尊的态度；我们不能选择生活给予我们什么，却可以选择积极而乐观地回报生活。悲观的人，总是先被自己打败，然后被生活打败，所以他们能够承受的痛苦是有限的，他们的前途也是有限的。

要想避免这种情况，既要培养自己乐观向上的情绪，凡事往好处想，遇到事情一定要积极面对，先战胜自己的恐惧和悲观的心理，然后就能够逐渐战胜生活。海伦·凯勒是19世纪与拿破仑齐名的女孩，她在19个月大时得了一场大病，病后失去了听力和视力，甚至不能够清晰发音，但是她用自己坚强的毅力战胜了生活给予她的种种灾难，成了最伟大的作家、教育家和慈善家。在她的作品中，我们看到的不是她的痛苦和悲观，而是她对生命的热爱，对世界的极度热爱和渴求。当然，她也有过悲观颓废的时候，在莎莉文老师走进她的生活之前，她曾经像一只掉进水里的小猫：棕色的头发散乱着，上好的衣服弄得很脏。而且随便翻老师的手提箱，寻找糖果和玩具，并和新来的家庭教师打成一团。之后，莎莉文老师软化了她桀骜不驯的性格，并让她热爱上了阅读书籍，感受生活。

她曾经说过："世界上最美丽的东西，看不见也摸不着，要靠心灵去感受。""仅仅靠触觉就能感受到这么多的幸福，那么，如果能看见，我会发现多少更美好的东西啊！""死亡只是从这个房间搬迁到那个房间，可是我可能跟别的人不太一样，因为我在那个新的房间就可以用眼睛看到东西了。""我用整个身心来感受世界万物，一刻也闲不住。我的生命充满了活力，就像那些朝生夕死的小昆虫，把一生挤到一天之内，生命或是一种大胆的冒险，或是一无是处。""只要朝着阳光，便不会看见阴影"。

从她说过的这些美丽语言中我们能够看到一个多么乐观，多么热爱生命的女孩啊！正是拥有了这些，让她一个聋、哑、盲的女孩活得比我们正常人更加生动多彩，比常人获得了更多用眼睛看不到的快乐。

女孩啊！如果你想拥有更好的生活，就要更加乐观，更热爱生活，生活也会厚待你。

摒弃自卑，唯有自信才能成功

失明女作家海伦·凯勒在她的文章中写道，"对于凌驾于命运之上的人来说，信心就好似生命的主宰。"想要主宰命运，就首先要主宰自己，主宰自己对于生活的态度，只有自信的人，才能相信生活，相信未来一定是自己创造出来的，才不会屈服于命运的安排，最终才能走向成功。

一个人只有对自己的能力和价值充满信心，相信只要自己努力，就一定能够找到解决难题的方法，别人才可能相信你。别人对你的态度，往往是你对于自己的态度的一种反应。如果你说话做事胸有成竹，信心满满，往往别人就能够相信你能够把某件事做好；而如果你自己都不知道自己能否做好，别人就更加不敢信任你。这就是为什么有些人明明有能力，但是很多事情大家都不敢交给他做，因为他语言迟疑反复，只敢尝试自己做过的，并不能保证结果，这样对自己没有信心的迟疑样子，会让别人对他的能力也产生怀疑，继而怀疑他能否成事，这样的人自然不能轻易得到机会，更很少可能成功。

曾经看过一篇很有趣的文章，一个留学生去应聘某个职位，因为他实在需要一份工作，否则课业可能就无法进行下去。这个职位需要有一辆车并且要会开车，这个留学生自己没有车，更不会开车，但是他为了工作，并没有回答招聘人员的话，只说他周一就可以上岗，招聘人员录取了他。录取的时候是周五，他就在那两天的时间里，用余钱低价买了一辆二手车，并且请了一位教练教他开车，周一的早上，他就开着这辆二手车歪歪扭扭地上路了，并且不久就将这份工作做得风生水起。

很多时候，并不是我们不能做到某件事，而是没有把我们逼到那个份上，我们对自己没有必胜的信心，没有一定要做到的信念，别人自然也不会给我们这样的机会。在美国，有一位大学生毕业后从事过几百份工作，只是为了证明很多时候失业并不是我们没有机会，而是我们没有争取过。高不成低不就，没有一定要做到的信心，没有争取过，只做自己有信心有能力做好的事情，自然不能超越自我，人们也只能让你做曾经做过的事情。

人生成就大事最大的动力其实就是做自己没有能力做的事情。这个意思其实很好理解，当你是一个小职员的时候，你想不想升职？你希望升到的那个职位，你做过吗？你目前肯定自己能做好吗？所以每个人都在期望一个自己做不到的职位，但不一定就无法胜任，能力往往都是在某个职位上培养出来的，而不是首先培养出来以后，才能任职。这一点，比尔·盖

茨非常认同，在学生时代，他从来不是用从书本上学来的知识操纵电脑，而是直接在电脑上操作，看看电脑能够帮助他做什么，然后再和书本上的知识相互印证，也是一种实践出真知的做法吧。

一个人的潜力是无穷的，而只有有足够的自信，不断尝试，才能知道自己的潜力有多大。很多时候能力并不等于学习能力，只有相信自己的学习能力，相信自己在工作和实践的过程中一定能拥有完成某件事的能力，才能不断成长。而只有不断成长，不断超越自我，才有可能逐渐接近成功。

事情常常是这样：你认为自己是怎样的人，你就会成为怎样的人；你幻想自己成为怎样的人，你就会成为怎样的人。而成功者常常是这样一种人：他们都拥有非凡的自信，他们相信自己的身价非同一般，并在站立、行走、说话、动作和眼神中展示出这一信念；他们相信自己能够取得成功并确信自己有能力去应付任何棘手的问题。因为持有一种自认身价很高的态度，他看待自己的态度吸引更多人更加重视他，从而得到别人的认同和帮助，当然也更容易成功。

《物性论》的作者卢克莱修曾经在他的文章中写道："要多多称赞肤色黝黑的女孩说'你的肤色如胡桃那样迷人'，不妨将'骨瘦如柴'改称为'像可爱的羚羊一样灵活'，将'喋喋不休'改称为'雄辩的才华'。这样与众不同的语言可以将相同的事实完全改观，给人以不同的心理感受。用这样有价值的措辞，可以将同一个事实完全改观，并去除自卑感，让你享受愉快的生活，并带给人以强大的自信。"一个人的信心并不取决于他自身拥有的力量和价值，而取决于自己对自己的认同。就算再漂亮的女孩也有感觉缺憾的地方，再丑陋的女孩也能够找到自己身上长得漂亮的地方，只有认同自己，才能找到自身的价值，并建立信心。

女孩培养自信比培养自己的能力和智慧更加重要。很多时候不是你的价值有多大，你的能力有多高；而是你相信自己的价值有多大，人们认为你的价值有多大，就会把你放在一个怎样的位置。在拥有能力之前，如果拥有一定的理智和自信，对自己的优势有更加正面的判断和认识，就可能得到更多机会，这时候再通过不断努力提升自己的能力，就会有不平凡的成就。

虚荣是快乐的最大杀手

心理学认为虚荣是对自己的外表、学识、财产等表现出的一种不符合客观事实的妄自尊大，追求虚荣是一种性格缺陷。女孩如果只在乎表面上的虚荣，就难免不断攀比，注重表面上的荣誉、名声、利益，而忽视了对自己内心的修养，忽视了不断提升自我的真正实力。

这样的虚荣只能是一时的，经不住时间的考验，这样得到的虚荣也容易一朝破灭。有个词叫作“实至名归”，只要你的实力到了，只要你做的事情带给了人类足够的贡献，那么荣誉和光环自然属于你，除此之外的一切利益和名誉都只是表面的东西，只能一时存在。

对于平凡的女孩来说，你的虚荣可能只表现在和周围的朋友、同事们攀比一下：谁的化妆品比较高级；谁比较漂亮有品位；谁的老公有钱；谁的孩子学习更好等，但这些又有什么意义呢？这些比较能够带给你的烦恼远远多于能够带给你的快乐。比赢了洋洋自得，不思进取。比输了呢？只能让你更加痛苦，人生中的更多痛苦并不是生活中的灾难造成的，而恰恰正是来源于比较，这一切都是虚荣心在作祟。

如果能够摒弃虚荣心理，恰如其分地欣赏和悦纳自己，少追求一些虚

名，就会幸福得多。一个人为什么会追求外在的虚荣呢？无非是对自己的实力不信任，不能从内心深处肯定和接受自己，只好借助他人的羡慕、嫉妒和肯定来肯定自我。如果能够从别人的缺点或者他人的肯定中发现自己的优点和价值，就对自身有了信心，如果得不到他人的肯定，就觉得自己毫无用处，就会出现对自我价值的怀疑，心理就会失衡，在这种情况下只好拼命表现自己外在的一切光彩，以获得他人的肯定，这就是一个人追求虚荣的心理原因。

其实每个人都有自己的缺点，也都有自己的优势，如果能够客观清醒地认识自我，并接纳自己所有的优点和缺点，“无论别人怎样评价我，我就是我，我的价值和尊严是由我自己来决定的，是由我自身做出来的事情来决定的。”如果有这样的认识，就会减少很多追求虚荣的行为，而更重视自身的实力和价值，更重视自己做出的贡献。

最重要的是一个人自我价值的实现，利益、荣誉只不过是附着其上的东西，只要你更好地实现了自我价值，这些就能够随之而来。爱因斯坦发表《相对论》的时候，何尝认识到他这个理论将会给他带来多少荣誉地位呢？他不过是将自己的发现公诸于世罢了。这世界上一切有重大贡献的人，他们做事之前不可能想到荣辱，他们当时也只不过是为了实现自己的价值罢了。

摒弃虚荣心，不着眼于一时的荣耀，才能让你的心沉静下来，安心做事，在踏踏实实做事的过程中实现自我价值。

只有踏踏实实将手边的事情做好，才能真正体会到一份成就感，体会到生活的快乐。“善不由外来，名不可虚做”，所有美好的东西都是一个人内心修养达到极致后获得的人们的敬仰。

一个人想要获得快乐，获得人们真心的尊重和敬佩，就只有用自己的实力，用自己真实的高贵品质来影响他人，征服他人。只有肯定自我，接纳自我，不作伪、不攀比，才能真正获得内心的愉悦和安全感，才能真正实现自我价值，人生才更有意义。

被动等待，永远不如积极进取

生活中有没有意外的成功呢？肯定是有的，随便买了一张彩票，也许会中几千元的大奖，但是这种意外不可能经常出现，如果总是等着生活中有意外的惊喜降临，存在着侥幸心理，很可能会一无所获，甚至把原本握在手中的东西都荒废掉。

比如，一个人买彩票中了几千元的大奖，高兴之余，拿这些奖金继续买彩票，以期能够中更多的奖，结果最大的可能却是奖金花完了，却不一定再中一次。先不说这种方式是否可取，中奖概率是否太小，如果这个人肯坐下来研究一下每一期彩票的走势，然后再集中精力选择号码，无疑中奖的概率就会大很多。当然，如果他能够把精力用在自己把握更大的事情上，所获得的收获肯定会更大。比如，研究股票的走势，或者研究工作上的事情，因为它们都是有一定规律可循的事情，所以努力下来的成果是可预期的。

生活中没有什么不劳而获，与其等待上天赐给的奇迹，不如自己积极进取。树上当然可能自己落下苹果，但是如果你自己爬上去摘，得到的可能性不是更大吗？

其实，进取本身就是一种乐趣。当你阅读了一篇好的文章，当你学到一种好的工作方法，当你完成一个项目，当你熬夜写完了一份报告，那种心情的喜悦和成就感就足以满足你。在学习、工作和探索的过程中其实有很多乐趣，充实的工作和生活会带给人生很多快乐。

积极进取是一种向上的人生态度，是一种良好的生活习惯。当你怠惰的时候，你更愿意待着，任房间乱七八糟，办公桌横七竖八，这时候你也不想思考任何问题。而当你想要保持清醒，乐观向上的时候，你就无法容忍怠惰时发生的一切，你会用最快的速度，把一切都整理得清晰有条理起来，让自己的思想快速运转，头脑总会出现更多灵感，这时候工作往往会更顺畅。在这个竞争激烈的社会，女孩必须要保持积极进取的心态，否则稍有懈怠就可能被淘汰掉。

在实际生活中，很多人都期盼着机遇能够垂青自己，其实，更多的人之所以成功在于自己的努力。当你被动等待机遇的时候，别人正在寻找时机，正在为自己创造机遇，还有的人正在积累自己的实力，训练自己敏锐的嗅觉，以便于在机遇来临时，能够第一时间发现它，竞争者如此多，你凭什么以为被动的等待能够捕捉到机会？

世界对任何人都是公平的，强者生存、弱者淘汰是竞争的不二法则。唯有不断进取，积极地参与工作和生活，生活才更有价值。幸运可能光临一次，但不可能永远跟在你身边，如果不做主观上的努力，只是存在侥幸心理，想获得意外的成功，可能有第一次，却不可能持久。永远向前追逐，永不懈怠才有可能获得真正的成功。

球王贝利是一个家喻户晓的人物，在他二十多年的足球生涯中，他参加过1364场比赛，成功踢进1284个球，创造了在一场比赛中个人进球8个的纪录，他那灵巧的过人技术，精准的射门脚法，使全世界都为之痴迷。对于这样一个足球王者，记者问他："你踢进了那么多球，哪个球踢得最好？"他的回答出人意料，他意味深长地答道："下一个。"

任何时候，球王都不会满足于现有的成绩，而是用自己的实力去创造奇迹，用积极进取的精神，期待更伟大的成功。

生活可能是平淡无奇的，女孩怎样才能使自己的生活充满乐趣和激情？只有不断努力，不断进取，才能使生活永远有希望，永远有生趣。同样的生命过程，有不一样的人生体验，只不过在于一个人的心态如何，有人感觉生活太苦，太累，而有人则能在这些辛苦当中体会到快乐和成就感。将自己的快乐建立在奋斗的基础上，人生才能真正充实有意义。

“天行健，君子以自强不息。地势坤，君子以厚德载物。”只有自强、积极进取，生命价值才能生生不息，才可能取得非凡的成就，每个人都不可能一直是上天的幸运儿，还是用自己的努力给自己创造“幸运”吧。

女孩要学会戒除多疑这颗“毒瘤”

你有没有这样的经历：看到两个同事窃窃私语，就以为在说自己的坏话；别人无意中看自己一眼，就以为别人不怀好意；别人说一句话，总是揣摩再三，以为别人别有用心，话中有话；自己做了错事，就算没有人知道，也总觉得别人早就知道，或者在看自己的笑话；一个意外的祝福短信，就怀疑自己的枕边人可能出轨。总怀疑别人对自己的真诚，总觉得这个世界是罪恶且虚假的，别人不会无缘无故对你好，似乎任何人都是别有用心的，任何时候都可能掉进别人的陷阱。

这就是多疑心理，英国哲学家培根曾说过：“猜疑之心犹如蝙蝠，它总是在黑暗中起飞。这种心情是迷陷人的，又是乱人心智的。它能使人陷入迷惘，混淆敌友，从而破坏人的事业。”

记得曾看过这样一场招聘会。在面试环节，面试官给大家出了一道测试题，要几个应聘的人选择，大意是：几个人走在沙漠中，每个人只可以带四样东西，要他们从以下几样中选出四样：帐篷、水、食物、打火机、刀子、绳子。食物、水、帐篷是大家都选择的，另外一项有人选了打火机，理由是夜晚可以吓走猛兽；有人选了绳子，理由是如果刮起大风，可以将大家绑在一起，避免被风暴吹走；只有一个人选了刀子，他的理由是，“防人之心不可无”，刀子用来自卫，结果就是这个用来自卫的刀子，却刺向了自己的前途，他落选了。理由很简单，现代社会是个讲究团队协作的社会，如果对他人始终有着一份防备心理，不会信任别人，就不能更好地协作，只能被淘汰掉。

多疑和正常地怀疑他人不同，一般正常地怀疑他人，都会有一定的事实依据，并对他人的性情、事情的发展有客观的分析和了解，从而提出某些疑虑，这是很正常的。而多疑的人，往往在对人、对事物没有进行客观了解之前，就主观地假设与推测，是一种非理智的判断过程；而且这种多疑往往从自己的角度去“妄测”事情的前因后果，而不是从客观事实本身去寻找。也就是说，在看待事情的时候，往往先设定一个结论，然后根据这个结果，去处处找证明，其实如果有先入为主的观念的话，再荒谬的结论往往也能够找到似是而非的证明论据。

最简单的，说一个结论“地球是方的”，肯定能找出无数的论据来：我们能够看到的地方，道路都是平直的；我们能够在上面站立；我们所看到的水面是平的，而且不会倾倒出去。那么这个结论就是正确的了吗？肯定不是。

而多疑的人往往就是这样，先在自己的意识中形成一个结论，比如，担心自己会从职位上被大家挤下去，然后再根据这个结论取舍自己所接受到的信息。比如，相信某个人正在以某种手段陷害他，而不信任下属都在协助自己的工作。就这样不断为自己增加心理压力，时间越长，往往越能找到疑似的行为，越不容易相信他人，从而导致工作压力增大，最终心理崩溃。

当然这种多疑往往出现在自己最在乎的，而且自认为能力比较脆弱的领域。比如，自我感觉魅力不够的女孩往往会猜疑老公是否会出轨，然后增加对他的监视；自我感觉工作能力不强，害怕失去现有职位的女孩往往猜疑别人是否会替代他；自我感觉交际不顺畅的女孩，往往怀疑别人看不起他，或者别人不喜欢和自己交往，或者别人和自己的交往带着某种目的。

这些主要是因为潜意识中的自卑心理在作祟，因为在某一方面不擅长，所以格外容易担心在某方面被欺骗、被替代，这种担心往往化为一种心理暗示，成为多疑者的“结论”，最后再通过“论据”的不断支撑，自我强化，带给自己巨大的压力。

克服多疑心理最好的方法是加强自己在不擅长领域的能力，并不断在这方面建立自信，不断给自己建立正面的心理暗示：比如“我其实还挺有魅力的”，“我和他是诚心相待的好朋友”，“我应该相信他”，“上司对我很信任，没有人会取代我”。在这样的心理暗示下，猜疑之心往往就会减弱。除此之外，如果有了疑虑，不要胡乱猜疑，寻找蛛丝马迹，不妨用委婉的方式和别人交流一番，相信在一番解释之后，你的疑心就会减少很多。

一个人只有学会信任他人，才能拥有更多快乐，才能赢得他人的信任。只有在彼此信任的基础上，才能更好地协作，更好地享受生活。女孩感觉敏锐是好事，但不要过于敏感多疑，多信任他人，才能更幸福。

一味地抱怨，只会引发失败

曾听过这样一种说法：爱抱怨的人，才是真正的失败者。其实任何人

在任何情况下，都会对现状不满意，而处理这种不满意，人们常常有三种不同的做法：第一种，思考自己为什么会产生不满，自己到底不满在什么地方，怎样才能改进自己的做法，改变现状；第二种，想一想令自己满足的地方，想一想真正让自己珍惜的东西，减少不必要的欲望，从而对生活产生满足感，就是所谓的“知足常乐”；第三种方法，就是抱怨，既然感到不满意，但又没有能力改变现状，就只好怨天尤人，诅天咒地，对人们抱怨自己的不满。

这三种对现状不满的迥异处理方法，当然会导致三种不同的生活常态，导致不同的人生结局。第一种，因为对现状有清醒的认识，继而积极进取，马不停蹄地改变自己，这种人往往最容易成功。比如，爱迪生不满于夜晚的黑暗，从而发明了电灯，为人类进步做出巨大贡献。

第二种，因为无力改变现状，所以改变自己内心的感受，虽然做不出多大的贡献，但起码能够让自己的内心获得平衡和满足感，让自己获得平静和快乐。这世界上大多数的人都是平凡人，无力改变现状者比比皆是。改变自己的内心，来适应这种现状实在无可厚非。

第三种，这种人实在属于既没能耐，脾气又大的人，既没有能力改变现状，又没有意识改变自己的内心，只懂得抱怨、咒骂，实在是最无能者。再者喜欢抱怨的人，往往在他的生活中并没有过不去的坎，也没有比别人更多的灾难。每个人都面临着同样的生活挑战，只不过，在他的眼睛里，所有的倒霉都是自己的，所有的幸运都是别人的，所以才感觉比任何人都不幸，才会不断抱怨。

抱怨从本质上来说，是一种对现有一切的不满的反应，其实造成它的原因 在很久以前就形成了。比如，抱怨健康不好说明你过去在身体上投入不足；抱怨人际关系不好说明你过去对别人关注不足；抱怨自己收入太低说明你过去没有对大量的顾客进行服务；抱怨自己无法突破人生瓶颈，说明你过去的资讯已经用到枯竭；抱怨自己总是心情不好说明你根本没去做自己感兴趣的事……如果你只是在一味抱怨，而不知道自己为什么会有这种现状，你就没有活明白。

今天抱怨是因为昨天做得不好，明天呢？今天在抱怨，今天就没有好好做事情，能够想象到会有美好的明天吗？所以说抱怨只会滋长失败，一个抱怨的人就是真正的失败者。一位德国作家说过：“如果仅仅致力于发现一个伟人或一个伟大时代的瑕疵，这是一种极为可悲的人格。”喜欢抱怨的人，大概就拥有这种可悲的人格吧，这种可悲的人格不仅仅给自己造成人生悲剧，还会带给周围的人沮丧情绪，让人们都感到痛苦、黑暗和沮丧，这种人怎么可能受到欢迎呢？

抱怨没有任何益处，不能给自己带来任何改变，反而让更多的人情绪受到影响，人们只能远离我们，这样就会使自己的处境变得更加糟糕，本来只是没有能力，现在连得到别人帮助的可能也失去了，你的人生只会更加失败。

抱怨在实质上只是发表一些空泛的议论，而从来不能解决实际的问题。所以抱怨与理性的批判不同，它无法提醒人们问题的根本，无法解决问题，反而使问题越积越多，使人们的情绪越来越愤怒消沉，导致事态无法收拾。再者，抱怨还容易使人忘记原本的目标，把注意力从原本对于现状的改变转移到情绪的愤怒和无关紧要的一些小事上去。比如，很多人往往不去想自己做事情是否做得好，而是去计较自己得到的待遇是否公平，不做实际的努力去争取，只是一味地抱怨，对于自己又有哪些好处呢？

对于现实生活中的不满，我们只能采取理智的方式去处理，才有可能得到更好的结果。曾听过这样一番话“有勇气去改变可以改变的事情；有度量接受不可改变的事情；有智慧来分辨两者的不同。”这样的人才是真正有大智慧大境界的人，才有可能取得大的成就。

女孩要学会戒除嫉妒这颗“毒瘤”

“嫉妒”一词在字典中的意义是：“人们为竞争一定的权益，对相应的幸运者或潜在的幸运者怀有的一种冷漠、贬低、排斥，甚至是敌视的心理状态。”它常常给人带来各种压力、心理挫折和怨恨，往往使人失去理智，报复他人，甚至是自己的好朋友，当然最终也会由自己尝到嫉妒的苦果：失去朋友和信任、失去平常心、妒火让自己的生活变得一塌糊涂。

女孩们其实很擅长嫉妒，由于一件很小的事情引起的嫉妒，往往会把自己的工作和生活搞得一团糟。很多人都会有这样的感受：因为同等职位但报酬不一样，而郁闷，甚至到处流言中伤或者猜测其中隐情；极要好的、地位相同的朋友，往往因为其中一个突然间有了一笔小钱或者某种荣誉，另一个就会离她越来越远甚至陷害对方；两个互为竞争对手的朋友，能力略逊一筹者往往会拼命找另一个人的麻烦，至少也会不愿提起对方，这些都是嫉妒引发的恶果。当然，女孩要嫉妒大概可以找到的理由比这要多得多：今天她的妆很漂亮，不过没什么了不起，不就是凭着化妆吗？对方买了一个昂贵的包包，显摆什么，有钱了不起；长得漂亮有什么用，绣花枕头一肚草……

无论多小的事情都能够引起女孩的嫉妒，但是嫉妒就像一条毒蛇，喜欢刻薄几句也许并没有什么了不起，但听到别人的耳朵里，就会影响同事朋友间的关系，甚至让别人对你产生误解和隔阂。女孩嫉妒心太强往往会引发更严重的后果，这就不仅仅是刻薄几句的事情了，用流言中伤他人，或者千方百计破坏别人的好事，或者不惜代价破坏被嫉妒者在他人心中的形象，都会使你的情绪和破坏欲一发不可收拾。

既然是被嫉妒的人，肯定在某方面是比较优秀的，如果一个人去破坏她的好事，更多的人往往在嫉妒心理的作用下作壁上观，而不去劝阻，这样事情往往会越闹越大，一发不可收拾，甚至影响工作进度和人际关系的和谐。从嫉妒者的角度来说，旁观者尽管幸灾乐祸，但对你肯定也会产生有一定的防备心理，对于日后交友和工作都会有很大阻碍。

再者，常常嫉妒他人，时时算计别人，而忽视了对于自己实力的增加，忽视了自己的工作和能力的提升，工作能力就会停滞不前。不能安心于工作，不能踏踏实实地做事和享受生活，生活中的乐趣就会减少很多，甚至影响生活的质量和夫妻间的情感。不但如此，嫉妒会引发各种压力，因为其常常伴随自卑、伤心、焦虑、恐慌等负面情绪，会使人身体痛苦，从而破坏身体健康。医学研究结果表明，嫉妒能造成人体内分泌紊乱，消化腺活动下降，肠胃功能失调，经常腰酸背痛和胃痛腹胀，夜间失眠，血压升高，脾气暴躁古怪，性格多疑，情绪低沉，会为身体埋下高血压、冠心病、神经衰弱、抑郁等身心疾病的隐患。

莎士比亚说："您要留心嫉妒啊，那是一个绿眼的妖魔！谁做了他的牺牲品，谁就要受他的玩弄。"苏格底拉也曾说："嫉妒是灵魂的溃疡。"嫉妒，往往潜藏着对他人幸福的破坏倾向，并且对自己的现状深感不幸和无奈，只好嫉妒他人，这种人与其说是可怕的，不如说是可怜的。

浇灭此毒火唯一的方法就是使自己强大起来，自信起来。有了足够的自信和强大的能力，就不会再羡慕他人的幸运，自然也就不用再去嫉妒他人。除此之外，平时还要注意修身养性，培养豁达的人生态度，既然"人外有人，天外有天"是人生的常态，无法改变，我们为什么还要去嫉妒别人呢？再者，你也有自己的优势，别人也会在别的方面嫉妒你，想到这一点心里就能够平衡起来，自然也就犯不着与别人在某一点上去较劲。

总之，女孩要学会平衡自己的心态，及时浇灭嫉妒的毒火，才能生活得更加快乐。

无所畏惧，女孩别做胆小鬼

人们天生崇拜和羡慕力量强大、勇气非凡的英雄，这是自然优胜劣汰决定的。女孩也是如此，如果一味胆怯、逃避，不敢将自己的想法付诸行动，缺少实现梦想的决心，缺少证明和表现自我的勇气，周围的人就会将你看成一个怯懦、软弱的弱者，不能对你产生足够的尊重和敬佩，自然也就不愿意同你接近，生活就会少了很多乐趣。

人的畏惧心理是天生的，对一些危险会有最自然的条件反射，再者如果童年时遇到某些让你害怕的事情，由此产生的心理阴影就会长久存在，尽管感情上不会有明显的外在表现，但这种畏惧会潜藏在一个人的潜意识当中，当遇到类似的事件，就会引发情绪上的巨大波动，或者对某些事有天然的畏惧心理。比如，一个小孩子曾被关在密闭的黑暗空间里，他长大以后就很可能怕黑，怕单独坐电梯，害怕孤单等，这都是很正常的。

如果你从小生活在别人怀疑的眼光当中，或者活在批评当中，就会对自己实现理想的能力持有怀疑，表现在外就是不喜欢表现自己，遇事总是胆怯，希望别人的眼光不要落在自己身上，不愿意积极争取一些本来对自己有利的事情。这个世界其实很公平，如果你没有勇气挑战一个目标，那么竞争者就会把你挤下去。

你有没有过这样的经历？你初次去推销一样东西，因为害怕别人不会接受，害怕别人的拒绝，于是在路上就会希望你拜访的人今天没有时间接待你。然后你介绍产品或者服务的时候，也会言不由衷，甚至态度冷淡，别人从你的态度中就会对你介绍的产品产生怀疑，继而拒绝你，你接受了对方的拒绝以后，反而松了一口气，认为“我早知道会这样”。

如果你对某件事情是畏惧的，你就会不自觉地排斥做某件事情，因为你的排斥，事情自然阻碍多多，你就很可能离成功越来越远。而你如果怀着勇气和热情去做某件事情，你的心灵会被自己的理想而牵引，你会对整件事情充满兴趣，你会发现原来还可以这样做，原来做到某件事情这样有成就感。

时间长了，你自己的生活就会始终充满喜悦、信心、希望和激情，生活对于你有了与以前完全不同的意义，你会发现原本没有注意的机遇，你会发现原本忽视了的精彩，你会发现世界原来是这样明亮的。总之，一种积极自信的想法，会让你所有的想法都被照亮，他们会帮助你一起去追求进步和成功。

其实畏惧心理往往来自于对某方面事情的顾虑，比如，畏惧生活的人，往往忧虑眼前和未来生活的质量，总害怕生活没有保证，于是害怕失业，害怕经济危机，害怕表现不好而被炒鱿鱼。消除这些疑虑心理，才能心安理得享受工作和生活中的乐趣。而有些人则畏惧过失，害怕别人因此而看不起他，因此不想表现自我，总是缩在自己的壳中，掩耳盗铃地以为只要自己不表现就不会被批评和嫉妒，其实人们的议论随时跟在每个人的周围，只要你不过分在意，就能安然度日。有些人则畏惧困难，认为只要自己在前进，就有困境和危险在前面等着他，于是往往自暴自弃，知难而退。其实生活中的风雨随时会来，就算你不作任何努力，也避免不了生活中的意外，努力的目的，就是在风雨来袭的时候，你有应付的能力，有更多准备。

如果不想被自己的畏惧心所累，就要学会自信和乐观，相信自己一定能够做到，就有勇气克服各种困难。在做某件让你感觉恐惧的事情之前，不妨做好充分的准备，对所有的意外都准备一定的应对措施，充分准备往往能够增加一个人的信心，也就降低了畏惧心理。

如果能够不断克服各种自己畏惧的东西，就能够充满勇气迎接人生中的各种意外，也就能自信满满地享受生活和事业中的各种乐趣和成功，人生也会充满生机和趣味。

第7章

感知快乐：让阳光洒满女孩整个心房

人生不仅仅在追求意义，更重要的是追求快乐。快乐是一种感觉，能够使心灵得到满足，使灵魂得到慰藉。得到快乐的方法数不胜数，然而很多快乐是建立在别人的痛苦之上的，比如褒姒一笑，数千诸侯慌乱无措，从此西周威信不再。女孩要得到的快乐，绝不能建立在别人的痛苦之上；而要从自己的内心深处寻找平静宁和，寻找积极乐观，用幽默的语言、乐观的情绪、惜福的心态来感知快乐、攫取快乐，才能真正得到满足和温暖，得到乐趣，才能真正开怀。

快乐才幸福，快乐与幸福是一对孪生姐妹

快乐只是一种感觉，只有内心对任何事都抱着乐观态度，只有保持敏感的感受力，才能接收到生活中的快乐能量。对于快乐的感受和品位，就像是品茶，会品的人，自然能够从茶水中品到人生般的哲理。对于生活来说也是这样，有足够敏锐的感受，才能感受到生活中酸、甜、苦、辣等万般滋味。对于生活来说，麻木和迟钝才是最大的悲哀。

对于快乐敏锐的人来说，时时刻刻都能够感应到周围的快乐讯号，时刻都能够发现令人赏心悦目的景色和事情，一朵花开了，她们会感觉到大自然的生机勃勃，感受到生命力的奇妙；太阳升起来了，她们会感觉到新的一天又开始了，又有了希望和力量；秋天到了她们看到的是“晴空一鹤排云上，便引诗情到碧霄”的豪迈与喜乐。而同样的景色，迟钝的人则会感觉麻木不仁，常常因为熟视而无睹，自然就没有了那份诗情，那份喜悦，最悲哀的却莫过于同样的景色，有些人却只能感觉到无边的幽怨，花开了，她想的是“花无百日红”“红消香断有谁怜”；朝阳东升，新的一天开始，她想到的是生命的消逝，年华老去“一年三百六十日，风刀霜剑严相逼”；秋天到了，她想到的是“夕阳西下，断肠人在天涯”。这样的人就算她的生活多么甜蜜，她也感知不到，反而觉得处处烦闷、不顺畅，身在福中不知福，怎么可能享受到生活的快乐。

快乐是一种感受力，是心灵对于现实生活的感应，这种能力与一个人的相貌、年龄、出身、地位无关，与命运如何，现状、境遇如何的关系也不大，纯粹是内心的一种感受。很多时候之所以痛苦，之所以对快乐感到无能为力，也是心态的关系。快乐需要积极去感受，积极去领悟，也许你很多时候是茫然的，只感觉到生活的平淡、苍白、无聊，对生活只有一点疲倦，有一点抱怨，有一点无力，这就是生活的“微痛苦”，与一个人的感受能力有关。

有很多人是不容易感觉到爱和温馨的，更难感觉到快乐，除了本身性格冷漠之外，往往对生活缺少一点热爱之情。没有一个孩子不会对生活感到奇妙和快乐，这是因为他们对于周围的事情永远充满好奇，对任何事情都有更新鲜有趣的想法，看到下雪，他们会欢快地想要掷来掷去，在雪地上跑来跑去；看到玩具熊，他们会拖到地上当成小马来骑；看到花开，想要把花瓣贴到额头上扮大公鸡，因此时时处处都感到新奇和快乐。有时候，我们也要学习孩子的一些想法，看到一种事物，首先往好玩的方向去想，就能寻找到不少快乐。

还要学会打开自己的七窍，将自己的感官都调动起来，才能尽情享受生活中的浪漫和激情。寻找快乐并不难，只要从生活中的小事中寻找正面的力量，就能够找到。比如把家中打扫得窗明几净，感叹小小的成就；就着秋天清朗的阳光，看看空气中的灰尘，享受一种平静的喜悦；在油烟和饭菜香中感受一份平凡的爱和感动，这些都是幸福的源泉，找到这些并不困难。

如何体味这些快乐，才考验一个人的智慧和感受能力。很多时候，看得到不一定感受得到，如果一个人的感情不够丰富，心灵不够纯净，是体验不到那种独特的滋味的。只有把心沉浸在感动中，让心柔软起来，才能感受到世俗的喜悦和宁静：沉浸在孩子一声无意识的“妈妈”当中，那里

边充满了对母亲的孺慕，对母爱的眷恋，小小的依赖和甜蜜的感觉，这就是所谓的“幸福的滋味”；沉浸在爱人的细微体贴与呼唤当中，才能感受到对方的爱恋和依赖；沉浸在味觉的享受当中，也许由一种小小的简陋的食物，就能够回想到童年，回想到与爸爸妈妈当年的温馨，不用刻意，只要你有一颗柔软的心，就常常能够体味到这样的幸福。

女孩不仅仅要善于体会快乐，还要把自己的快乐传递给周围的人，女孩很容易因为一件简单的事而快乐，把这件事叽叽喳喳地分享给周围的人听，将这份喜悦传递给你的听众，周围人很容易就能感染到你的快乐和活力，这也是将自己的环境变得更快乐的一个秘诀：“独乐乐不如众乐乐”。

笑对人生，用笑感知快乐

“保持笑容和积极乐观的态度，能为你找到冷静处理问题的方式，创造外在改变契机。”在逆境中更需要用笑容来感知快乐，寻找理智。美国一位精神学博士曾经说过：“我发现，笑是一种人类生存的能力，是衡量身体健康的一种正确有效的指标。”人们常常说，“笑一笑，十年少。”可见经常笑能够让身体和心理都更健康。

当悲伤的时候，笑一笑，哪怕是苦笑一下，也能够让一个人的情绪好一点，作为表示快乐的表情，笑对于人的影响是重大的。一个人脸上始终带着微笑，与他交谈的人会体会到他的善意。因为微笑本身代表的含义就是：我很自信，我很友好，我的心情很愉悦、欢迎和我交朋友、我很喜欢你等。心理学家也认为笑是人类之间交流的古老方式之一，代表的含义是表示友好，而同样的表情在动物们那里则表示挑衅或者威慑，所以，人是唯一会用笑来表示友好的动物。

心态平和或者稍有愉悦的时候，人们会不自觉地流露出微笑的表情，用来展现人与人之间的善意。而当一个人心情非常愉快或者畅快、兴奋的时候，更多会用大笑来表示自己的开心和兴奋。无论微笑还是大笑，抒发的都是一种健康愉悦的情感，因此它们对于身体和心理健康都有莫大的促进作用。据现代医学证明，笑可以使胸肌和腹肌得到扩张；加强肺部运动，促进肺部呼吸功能；还可以促进胃液产生，增进消化功能，增强食欲；增加血管肌肉运动，加强血液循环；每笑一声，从面部到腹部约有80块肌肉参与运动，可以解除肌肉疲劳，放松身体。笑容还可以消除精神紧张、驱散愁闷情绪、减轻各种精神压力、延缓衰老，更重要的是它能使人对往日的不幸变得淡漠，而产生对美好未来的向往。

一个人想要感受到更多快乐，就要懂得常常微笑，无论是对于小笑话还是遇到的可笑或尴尬事情哈哈一笑，情绪就能够迅速地好起来。很多时候，因为逆境、忧愁，我们很难笑得出来，这时候就要学会“假笑”，哪怕再僵硬的笑容，也有缓解内心抑郁的作用，时间长了自然能够“假作真时假亦真”，真心的笑容也将随之而来，一个人的表情不但能够欺骗他人，甚至连自己都能够欺骗，因此，何不用暂时的“假笑”，带来真正的快乐呢？

在很多武侠小说中，都有这样的情景描写，无论遇到了怎样恶劣的环境，主人公往往能够凭着脸上那慵懒的笑容，让自己和周围的人都迅速镇静下来，摆脱死亡阴影带来的绝望，理智等待救援或者奇迹，并且往往能够死里逃生。当然小说只是小说，现实中的情况就是我们之所以痛苦绝望，不过是出于我们的想象，出于我们对于现实严峻性过度的估计，如果能够让自己不时笑一下，就能够缓解压力，重新燃起信心。

平凡沉闷的生活中也许并没有多少值得我们快乐的事情，这就要我们

去主动寻找笑的理由，寻找快乐的源泉。多整理、搜集一些笑话、幽默资料不但能让我们有更多的谈资，还可以使我们整个人都幽默起来，快乐起来。多欣赏一些喜剧、小品、相声、哑剧等，可以使我们沉浸在快乐的氛围当中。日常生活中发生的一些搞笑的失误，如果能够自我解嘲一番，也能够成为一种笑料。多和那些天生的乐天派，行为搞笑的人相处，也会迅速受到他们的感染，不自觉地就能笑起来。

平时过于严肃的人，不妨从自我练习笑开始，早晨起来以后，照一下镜子，挺起胸膛，深吸一口气，唱一段小调，或者吹吹口哨，哼哼歌，随后调整脸上的表情，露出一个开心的笑脸，往往一整天的心情都能够好起来。人们常常说，女孩比男人更擅长笑，盈盈笑语可以显示你的亲切活泼，可以让人产生好感，爽朗的笑容可以显示自己的豁达大方，优雅的微笑更是女孩最好的礼仪和化妆品，所以让自己多笑一点吧，你的生活会因此充满快乐。

凡事不计较，看开才快乐

面对生活，女孩常常有三种态度：乐观、悲观和达观。乐观表现为遇事总是向好的方向想，总是看到希望和光明的一面，尽管很积极，有时未免过于无知，生活毕竟意外多，而顺心事少；悲观表现为总是看到黑暗的一面，总是做最坏的打算，虽然过于消极，但很多时候往往因为有备所以无患，缺点总是生活在痛苦之中；达观则表现为知道前面肯定有灾难或意外等着我们，知道自己身处逆境，但因为不在乎，因为看得开，反而更加开怀。

曾经看过一个小故事，有位德高望重的禅师，他的修为境界很高，当地有一个大护法全家都对他非常尊敬，经常到庙里供养他。大护法的一个女儿未婚先孕，父亲非常生气，拷问女儿孩子是谁的，女儿气急了，就对父亲说，就是你最崇敬的那个大师的。父亲相信了，跑去痛骂禅师，小孩生下来后，父亲就把婴儿送给那个禅师并处处宣扬他做了恶事。禅师没有辩解，只是喂养婴儿，并怡然自得地继续修行。后来那个女孩感到过意不去，说出了真相，大护法才知道冤枉了禅师，并认错，请求原谅，禅师只是毫不在意地一笑了之。

因为修行，名利心淡了，对名誉看开了，所以才能对别人的误解毫不在乎，毫不计较，换作常人，是不可能那么坦然，那么风轻云淡的。面对误解，这种一笑而过的坦然和宽容，才是真正的达观，内心才能得到真正的安宁和快乐。面对烦恼，一笑而过是一种境界。

人生其实就是由一串无数的烦恼组成的念珠，达观的人往往笑着数完这串念珠，而毫不计较。生活中既有光明又有阴暗，悲观的人趋向于阴暗的一面，常常处在痛苦之中；乐观的人迎向光明一面；时时充满希望；达观的人则两面都能看到，最理智，最客观，往往能够宠辱不惊。

其实人生几时有过真正的坦途，有过一帆风顺，心想事成？人生往往就是风风雨雨、颠颠簸簸，能够少一点计较，看开一点，才能有坦然澄明的心境。只要人生在延续，就迟早会有柳暗花明，迟早会出现转机，就算没有转机，生活不还在继续吗？无论遭遇麻烦还是打击，心理能够保持平衡的状态，安之若素，才是最重要的。

宋代大学问家苏轼，因为参与改革屡次被贬官流放，从被贬黄州到被贬岭南惠州、海南儋州，一路走来环境艰苦，处处遇挫，一贬再贬，不断流放。他却把这些经历当作奇特的旅途，不断苦中作乐，写下了《前赤壁赋》《念奴娇·赤壁怀古》等不朽的诗篇，甚至还写下“日啖荔枝三百颗，不辞长作岭南人”这句旷达的诗句。在他看来，那贬谪流放之地，无

一处不美好，无一处无奇趣。牢狱之灾、被贬之苦统统被他当成人生最奇特的经历，这是何等的达观啊！拥有这样广阔的胸怀，何愁生活中的那些风雨挫折，何处何时不能开怀？

在现实生活中，我们遇到的一些小小烦恼，大多数是因为过于计较得失荣辱而产生的。所谓功过，所谓是非，不过是一些庸人自扰罢了，人人心中都有一杆秤，你做出了多少，付出了多少，很多人都会看在眼里，就算别人不了解，不理解，只要自己内心坦然、泰然，没有愧疚，又有什么值得烦恼的事情呢？人生最难得的就是“心安”二字，只要心安了，把一切名利、荣辱都看开了，看淡了，也就无所谓了。

有人说：“悲观的人在山脚看世界，看到幽冥小径；乐观的人在山腰看世界，看到柳暗花明；达观的人在山顶看世界，看到天广地清。”希望每个女孩都站在更高的角度，站到人生的顶端来看待生活中的那些小小挫折和痛苦，也就能把它当成一朵小小的浪花，也就能处处开怀，时时快乐了。

越是知足，越是快乐

曾经听过这样一句话“享受到的才是真正拥有的”。一个人能够感受到快乐，感受到知足，不是因为他拥有的多，而是因为他享受到的多。少一些祈求，多一些珍惜；多一些满足，多享受一些自己拥有的，就能够感到快乐。

就算有再多的食物，如果你的舌头没有味觉，也很难感受到吃的快乐；就算拥有再多的唱片，如果你的耳朵不能听见声音，也不能感受到悦耳的快乐；就算有再漂亮的景色，如果你的眼睛没有视觉，也不能感受到悦目的快乐；就算有再温柔的伴侣，如果你的心是闭塞的，也不能感受到体贴的快乐。幸福不是拥有得多，而是能够消化、享受得多，能够珍惜得多。海伦·凯勒是一个眼盲、耳聋、声哑的女孩，但是她生活中的乐趣并不少，她对生命的体验甚至比很多正常人都丰富，这是因为她懂得惜福罢了。

如今是个美好的时代，但并不是每个人都能体会到快乐，并不是人人都有享受的能力，很多人在愁苦中度过每一天，原因不过是诸如空调的噪声有点大，空气有些干燥，别人话中的言外之意让人恼火，薪水离自己期望的有点少而已。这些小小的烦恼往往会磨掉生活中的所有快乐和激情，而真正懂得享乐的人明白，想要快乐不一定要占有很多，但一定要让自己拥有得真切而深刻：没有玫瑰，可以在上下班途中闭眼闻闻刚割过的草坪的味道；不去咖啡馆也不影响自己蜗居在房间里闭眼品茗；没有温柔的伴侣，并不影响自己享受陌生男人的殷勤和因此而带来的小小满足……一句话，享受到的才是你真正拥有的，欣赏眼下的美好，珍惜眼前的幸福，才能有真正的快乐。

这样的女孩不用财富加身也能感受到生活的丰富和情趣，小鸟的鸣叫只会给那些耳朵聪敏的人听，潺潺的溪流也只会让心灵明澈的人愉悦。只不过有些人把各种美好的事物当成理所当然，习以为常，或者熟视无睹，甚至麻木不仁罢了。“此情可待成追忆，只是当时已惘然。”回忆来无比美好的东西，当时却漫不经心，以为可以天长地久地拥有，却不知只是一时欢愉。往往华年流过之时，才能体会其中的苦涩与悲哀，与其将来后悔，何不及时享受其中的美好，珍惜所有的缘分与快乐？

漫不经心中，我们错过多少美景，蹉跎多少年华，错失多少人生至乐？我们每天都祈求上天多赐给我们一些财富、名誉、地位，却不知道上天日日赐给我们的青春生命才是最值得自己珍惜的东西。惜福就是快乐，

懂得自己想要的是什么，懂得追求自己想要的，珍惜自己得到的，将各种美好的事物都用心灵深刻而真切地去感受，去享受，就算拥有得本不多，但拥有的正是自己最想要的，最在乎的，不也是一种真正的快乐吗？

有的女孩活着，不知道自己想要的是什么，于是盲目羡慕，盲目追求，拥有了之后却往往哀叹不如自己想象般美好，在盲目追求的过程中却总是与幸福擦身而过。这才是真正的浪费，不懂得知福惜福，福缘自然浅薄，也许不会潦倒，但很难快乐。

很多时候快乐就是一心一意，就是不要奢求太多，上天赐给每个人的福气都是相等的，在这方面多一些，就在那方面少一些。或者说每个人的精力都是有限的，在这方面追求得多了，就在那方面用得少了，无论什么样的快乐都需要用精力去追求，想要的太多，就会让得到的每一样都不够深厚；想要的太多，就会让自己精疲力竭，人生自然就少了很多快乐。懂得惜福首先就要弄清楚自己内心最需要的是什么，每个人想要的那么多，真正需要的到底是什么呢？什么东西可以让你感受到最大的满足和最大的幸福呢？然后，把自己的精力用在得到这样东西上面，就可以让自己享受到最大的快乐。

女孩不要把快乐理解得过于浅薄，人生真正能得到快乐的时光并不多，只有踏实不浮躁，真正懂得珍惜和享受，才能得到真正的快乐。

在内心种上乐观的种子，让它快乐成长

女孩一生中总有各种麻烦接踵而来，“人生不如意事十之八九”，可总有些人能把生活过得风生水起，充满快乐祥和；有些人却把日子过得凄风冷雨，充满痛苦和怨恨。

乐观的人就算在黑暗中也总能够看到希望和光明，悲观的人即使在太阳底下也只会注意到那些阴影。乐观的人总能看到美丽的鲜花，闻到馥郁的芬芳，悲观的人却总是在哀叹和提醒别人："注意那玫瑰花下的刺啊，它会扎疼你的手指！"乐观的人看到的总是空旷的蓝天，悲观的人则总是担心那天会不会塌下来，如此哪还有心情去欣赏周围的美景？

曾经看到过这样一种观点：乐观与悲观的人最大的区别在于对同一件事情的不同解释——悲观的人更容易把人生的不幸归结于命运不济、苍天无眼、意外这些客观而恒久不变的因素，因此他们的应对方式，就是无法改变，只好静观其变或者哀怨命运的不公。遇到难题更喜欢在哀怨的情绪中反刍，他们消极的双眼只能看到失意和不平，行动力往往更容易被眼泪瓦解。而乐观的人往往把生活的不幸或人生的低谷解释为暂时的情况，解释为自己主观上的失误或努力不足，解释为可以通过自己的主观努力改变的东西。因此，他们的应对方式往往以解决目前的问题为导向，他们很少抱怨命运，而相信行动会让一切都好起来。

关于乐观，法国作家阿兰曾经说过："烦恼是我们患的一种精神上的近视症，应该保持乐观积极的心态向远处看，这样我们的脚步就会更加坚定，内心也会更加泰然。"那些生活中的乐观主义者，往往总能看到远处的光明和希望，而不专注于目前的烦恼。即使遇到同样的事情，他们也会倾向于从有利的一面去看待某种境遇。当悲观的人说"该死的天，又下雨了"的时候，他们更倾向于说"太好了，又下雨了。"然后想到雨后的彩虹，情绪自然就能够高涨起来。

心理学家认为，这种乐观的态度并不是天生的能力，它可以通过培养某些观念和态度，通过正确认识世界、他人和自我，从而培养这种快乐的能力。怎样培育好乐观的心态呢？

随时都做最好的自己，带着感激和欣赏的态度生活。基督教徒每天晚

上都会做祈祷，祈祷的内容可能五花八门，但最后一定会是感激主赐给他们美好的一天。我们也应该学习这种态度，每天晚上回想一下自己经历的这一天，有什么美妙的事情发生，同时感激这美好的生活。我们在享受美味的食物、温暖的阳光、和煦的暖风的时候，是否也要学会欣赏和感激周围的一切呢？

如果想要比较，就和那些比你悲惨的人去比吧。记得有这样一个小故事：一个小孩子为自己没有鞋穿而怨恨老天，直到有一天，他看到一个人没有脚，仍然非常高兴和自信地推着他的轮椅。于是他把一张纸条贴到了自己的穿衣镜上：我忧郁，因为我没有鞋。直到上街我遇到一个人，他没有脚！不要继续哀叹命运的不公，人类只有两件事：第一，得到你想要的；第二，得到之后去享受它，但只有最聪明的人才能做到第二点。

乐观与自信是一对孪生兄弟，他们往往形影相随，对每个人的一生都会产生极大的影响。如果一个女孩没有足够的自信，她很难欣赏到周围美好的一切，相信自己，信赖和接受自我，往往能够让一个人变得更加乐观。

当你沮丧的时候，不要纠结于目前的状况，要尽快设法消除负面情绪，恢复愉悦的心境。当你因为工作的不顺利而沮丧灰心，当你因为意外不得不取消原本的计划，那么从现在就开始享受这个意外或不顺利所带来的闲暇时间吧。美国著名的潜能开发大师迪翁常常说这样一句话：“任何一个苦难与问题的背后，都有一个更大的幸福！”现在就用这种模式来思考一下，同事的讥诮背后隐藏着他们对你的嫉妒，而这正是你能力超越他们的明证。阶段工作的不顺利也许正试图让你停下来等待一个更大的机遇，取得更大的成就，还可以趁此时间享受生活的美好。

乐观的态度需要不断培养，只有乐观自信，才能在生活中不断找到快乐，享受快乐的人生。

给自己积极的暗示，让快乐常驻心中

自我暗示具有强大的力量，艾默生曾经说：“一个人就是他整天想到的东西。”马克·奥略也说：“一个人的生活就是他想成为的样子。”所以快乐也可以通过心理暗示来实现。威廉·詹姆斯认为：“我们最大的发现就是，通过改变头脑的观念可以改变生活。”女孩首先改变自己的观念，不断进行快乐的自我暗示，让自己从心情上愉悦起来，然后就能时时刻刻感到快乐。

不要质疑这种方法，很多原本生机勃勃的人，一旦怀疑自己患了某种不治之症，即使并没有事实上的病变，他的精神也会很快萎靡不振起来，继而不思饮食、卧床不起，病情迅速加重，甚至在短期内死去。同样这也适用于一个人的情绪，如果你试图暗示自己是幸运的，是愉快的，是自信的，那么很快你的心情就能好起来。

在女孩的生活中，信仰常常给我们积极的暗示，给我们美好的希望，让我们对未来常常抱有坚定的信心，从而使我们更努力。曾听过一个小故事，一个幼儿园老师，让刚刚入园情绪还不稳定的孩子们，从老师制作的小卡片中选择一些幸运语。这些幸运卡片，正面是一些卡通人物，背面则是一句积极的暗示性语言，诸如：“今天，我很高兴和每个小朋友打招呼”，“我很有信心，我有力量”，“今天我学了本领”，“今天我很快乐”等。并给他们每个人解释了各自的卡片的意义，并要求他们重复这句话，把它当成自己的幸运语。很快，这些孩子们就接受了这些心理暗示，变得兴奋与充满活力。

其实我们每一天，都要主动或被动地接受外界或他人的愿望、观念、情绪、判断或态度的影响，不断从自己和或他人那里接受各种暗示，这种影响有时会给我们带来喜悦和信心，有时又会使人觉得郁闷不安。与其让

自己受别人的影响，为什么不受自己积极暗示的影响呢?

我们也完全可以学习这种方法，为自己准备一些“幸运语”。例如，“我爱这个世界，我爱每一天”“今天会更好的”“大家都会喜欢我今天的表现”“我一定会很幸运”等。在每一天的开始都重复这些语言，就能够使自己的情绪变得愉悦，长久下去，一定会在生活中发现很多快乐。

人是能够改变自己的动物，每一次自我对话的结果都会直接影响之后的行为，进而影响一个人的情绪。日积月累之后，就会成为一种习惯，进而成为一个人自我人格的一部分。自我暗示的信息同样可以在大脑中留下一定的痕迹，即使假装的快乐，梦中的大笑，同样会让我们感到愉悦。

既然这样，聪明的女孩就要学会不断暗示自己，快乐就能够常驻心间。清晨醒来，给自己一个甜蜜的微笑，告诉自己：今天将是快乐的一天；每天睡前，告诉自己：做个快乐的好梦；每遇到一个快乐的陌生人，给对方一个自信的笑容，告诉自己：我也要像他一样。女孩只要决心让自己乐观起来，就一定能够享受到生活中的愉悦，让快乐常驻心间。

幽默是快乐结出的果实

幽默是发自内心的对人生的豁达理解，幽默的女孩常常让周围的人都开心大笑。幽默能够缩短心与心之间的距离，还能够使自己从中得到乐趣和力量。懂幽默的女孩很少会愁眉苦脸，因为她往往能够从自我调侃、自我解嘲中解脱出来，愁苦也就会离她越来越远。

幽默的女孩能够用自己的风趣来感染周围的人们，使自己的生活变得轻松自在，充满乐趣。在幽默的女孩眼中，没有什么大不了的事，任何事情都可以自我解嘲一番，也就没有了过多的争执和吵闹，自然不会因为一件小事而闹得满肚子气。

曾看过这样一件趣事：一位女士去西餐厅用餐，点了一只龙虾，结果龙虾上来的时候，她发现少了一只螯，于是要求侍者喊餐厅的经理，经理走过来看到盘中的状况，马上调侃道："小姐，你要知道龙虾是凶猛的动物，它们常常打架斗殴，您这只龙虾的螯大概是被对手砍下来了。"面对经理的调侃，这位女士也矜持地一笑，说道："那就请给我换只打胜的来吧。"就这样，一桩可能引起争吵的事情就在两个人云淡风轻的谈笑中结束了，两个人都达到了自己的目的，而且没有引起任何不快，实在是最佳方案。

可见幽默可以引发喜悦，带来欢乐，还能够让生活中的一切都感染上神奇的欢乐氛围。美国一位心理学家说过："幽默是一种最有趣、最有感染力、最具有普遍意义的传递艺术。"这种艺术传递了一个人凡事乐观、对人宽容、小事糊涂的品格。当然还传递了一个女孩的自信和智慧，不自信的女孩是学不会幽默和调侃的，她们更多的是幽怨自怜，因为自卑，所以对于小小的不如意，对于尴尬的情形格外敏感，格外介意。而自信的女孩，往往具备乐观的信念，懂得把生活中那些不尽如人意看成很平常的事，自然能够泰然处之，甚至自我调侃解嘲。

幽默是一个人生活态度的反映，是对自身力量充满自信的表现。这种对待生活的态度，是女孩最聪明、最有生活情趣的地方。这是一个自卑或缺乏情趣的女孩无论如何都想象不出来的。

美国曾经有几个很懂幽默的第一夫人，劳拉和米歇尔无疑是其中的佼佼者。米歇尔常常会拿自己的总统老公的傻事开玩笑，而劳拉则会以更幽默的方法来处理各种难题。比如，在劳拉访问德国的一个小学时，有孩子问她："第一夫人最重要的是做什么事情呢？"她笑着回答："第一夫人最重要的事情是嫁给总统。"

其实学会幽默并不是很困难的事情，只要对生活保持一定的热爱和兴致，很容易就能学会开一些轻松的玩笑。幽默需要对生活有良好的心态，需要充满生活情趣，需要对人生有一定的底气，才能从生活中处处发现快乐的事情，处处挖掘出幽默的一面。

幽默是轻松玩笑的延伸，但并不是简单的玩笑，生活中很多玩笑显得轻佻，只有运用足够的智慧将它用曲折委婉的方式表达出来才能产生幽默的效果。比如，马克·吐温在一位富商与他狭路相逢的路上，富商说："我从来不给蠢驴让路。"而马克·吐温却含蓄地说："我正好相反。"然后主动让开了道路，这样轻松幽默的效果就很容易形成了。

幽默不等同于玩笑，更不等同于那些被人说过千遍的笑话，它需要一定的学识和智慧来支撑，才能让自己显得大度幽默，而不是浅薄调笑，一定要掌握好其中的度，才能让自己的生活充满欢乐。

第8章

甜蜜爱情：女孩要用心浇灌爱情之树

女孩能够在相恋、相处中得到的快乐，才是最甜蜜、最长久的快乐。相爱需要付出，相处需要智慧，学会欣赏爱人，包容伴侣，给自己和对方都留下足够的空间，才是和谐相处的秘诀。对爱情执着但不执迷，懂得满足而不迷失自我，才能在保护自己的同时，得到最多的爱和自由。女孩在爱情中保持平和的心态，才会收获更甜蜜的爱情生活。

甜蜜爱情能让女孩感受幸福

幸福并不是一种有形的实物，而是面对生活所生出的一种感觉，仿佛阳光洞穿心灵见到的明媚。对于女孩来说，爱情永远都能让我们感觉到这种满足和快乐，男人在事业有成的时候可能也有这种自豪幸福的感觉，而女孩更多的是从爱中得到幸福。

当一个女孩恋爱的时候，她的情感会变得更加丰富，感觉会变得更加敏锐，生活中的一切都会变得非常美妙。甚至暂时离别的痛苦都会变得非常凄美，比如，在《西厢记》中有一段，莺莺小姐与张生离别，她眼中的世界“碧云天，黄花地，西风紧，北雁南飞，晓来谁染霜林醉，总是离人泪”。她眼中的景色不再寂寞，而是随着自己的情绪或喜或悲，而明媚或者凄凉，她的爱情是美好的，所以视觉、嗅觉、听觉都敏锐了很多，生活中就有无限美好的事情，眼泪也变成了一种幸福。

而在《牡丹亭》中也有这样一段描述：“原来姹紫嫣红开遍，似这般都付与断井颓垣。良辰美景奈何天，赏心乐事谁家院？朝飞暮卷，云霞翠轩，雨丝风片，烟波画船，锦屏人忒看的这韶光贱。则为你如花美眷，似水流年，是答儿闲寻遍，在幽闺自怜。”这段描述了杜丽娘在遇到情人之前的思绪，尽管景色优美，怎奈自己身处深闺，寂寞无聊，所以无心观赏。再美的景色，在没有爱情的女孩眼中也变成了断井残垣。对于女孩来说，再多的成就，再多的荣耀，如果没有人欣赏，如果缺少了心上人的赞美，就少了几分颜色，少了几分欢乐。

爱情虽然不是女孩生活中的全部，但绝对影响女孩的生活质量，影响女孩对幸福的感知程度。一个女孩一定要经营好自己的婚姻和家庭，经营好自己的爱情，才能在事业上心安理得地奋斗，才能尽情享受生活的美好，爱情甜蜜、家庭稳定，人生才算得上美满幸福，情感才能够得到满足。

一个幸福的女孩，懂得怎样为自己的爱情保鲜，她总是在追逐更美好的感受，总是为自己的生活和爱情不断增添浪漫因子。所以在伴侣的眼中，她总是花招层出不穷，并且懂得生活情趣的甜蜜小女孩，男人希望通过你体会更丰富多彩、有趣味的生活，希望你可以带给自己一个安稳的家，希望可以通过你对于生活和生命的无限热爱激起自己对生活和事业的无限激情。

女孩的浪漫和对生活的无限热爱，不仅带给自己无限的幸福和美妙感受，还会让你的伴侣更加爱你，更懂得珍惜你。爱情是相互的，你的付出会让对方感受到你的爱，同时回馈给你更多的爱情，这就是爱情的真谛。

女孩最害怕自己的家庭会出现问题，这是因为家往往是女孩最重视的地方，也是付出心血最多的地方。其实，付出再多的心血也要讲究方式方法，如果方法不对，注定就会让心血付之东流。就好像一座花园，假山在哪，流水在哪，灌木丛在哪，鲜花种在哪，都是有讲究的，如果把太阳花种在树荫下，荷花种在石头中，注定是不会和谐的。

花园不仅仅需要浇灌，还需要修葺，女孩的人生后花园也一样，不仅仅需要付出心血和劳作，还需要付出智慧。你的伴侣性格怎样，他喜欢怎样的妻子？他喜欢你的哪些表现？一味地付出是否会让他感觉到沉重？如果你给的恰恰是他不需要的，或者你给的远远超过了他能够承受的，你们

就注定会成为一对怨偶。

只有不断地试探和摸索，才能够真正成为一对“知心爱侣”。爱情是一件需要斗智斗勇的事情，女孩有一定的智慧，才能让伴侣越来越爱你，才能让你们的家庭生活越来越有味道。除了伴侣，你们还会有孩子，孩子不仅仅是爱的结晶，还是一种责任和负担，怎样处理三者之间的关系，才会让你们三个人都感觉到贴心和舒适？怎样才能让家中的一大一小更加爱这个家，都是需要不断探索的事情，需要女孩无限的智慧和付出。

好的女孩就像一个好的驾驭者，能够让家庭这辆马车顺畅地行驶在幸福的康庄大路上。如果没有爱，这一切都将成为空中楼阁，如果只有爱，这一切也最终成为空中楼阁，在爱和生活之间找到平衡，女孩才会越来越幸福，爱情才会越来越甜蜜。

欣赏爱人，表达你的崇拜之情

爱情之所以发生，源于彼此欣赏，你欣赏我“阆苑仙葩”，我欣赏你“美玉无瑕”，彼此之间欣赏、爱慕、相互吸引，然后才有爱情。在婚姻中我们怎能够把最重要的对对方的欣赏忘掉呢？科学也证明欣赏会比批评让两个人的关系甜蜜高出五倍的概率，无微不至地关心你的伴侣，并告诉他，你对他的肯定、认可、欣赏，会让他觉得你是世界上最了解他的人、最爱他的人，你们的婚姻关系就会更加牢固。

欣赏是表达一个人对爱人无微不至关爱和崇拜的最好方式，即使保姆也能在生活上关心和照顾一个人，但只有和自己心灵相契的伴侣才会无条件地欣赏自己、爱慕自己、崇拜自己。无论男女，在本质上都是虚荣的，他们更喜欢伴侣能够时刻欣赏到自己最精彩的那一刻，对自己的处事方法和工作生活方式都表现出一种赞美。这是他们成就感的最大来源，男人在面对着崇拜自己的女孩的时候，都是大英雄。

所以，聪明的女孩会用迷恋、赞赏、崇拜、爱慕的眼光去看待她的男人。记得曾经听过一个笑话，一个丈夫几十年如一日地重复他的几个固定笑话来表示自己的幽默，而那个妻子却几十年如一日地听着这翻来覆去的几个笑话，每次听完都像第一次听完那样开心大笑。开始的时候，觉得那个妻子可笑至极，后来渐渐成熟了才明白，这才是夫妻间最明智的相处方式：能够长期欣赏，才能长期甜蜜。

恋爱的时候，所有的男人在女友眼里都潇洒不凡，风度翩翩；任何女孩在男友眼中都温柔贤惠，美丽大方。但是任何人都无法避开时间的魔法，也都无法承受近距离的审视和挑剔。婚姻中长时间的相处可以抹掉所有的优点，这个时候，你还可以欣赏你的伴侣吗？你可以无条件地崇拜他吗？在妻子的眼里，恐怕就算天上的神仙也是一个睡觉会打呼噜、吃饭会打饱嗝的凡人。

怎样在看到他最丑陋不堪的一面时，依然保持对爱人的欣赏呢？女孩要学会睁一只眼闭一只眼，睁着的那只眼永远去寻找他身上你所欣赏的特质，并用语言表达出你的赞赏，而对于对方身上那些微不足道的缺点，就闭上那只挑剔的眼睛。并且在每天相处的时光中，不断发现和创造值得你欣赏的新优点，每个人都在改变当中，尤其在婚姻中，伴侣的改变有时候是能够看到的，两个人都在不断成熟，不断进步，对于对方一点小小的进步，都应该给予及时的欣赏和赞叹。不断从伴侣身上，挖掘那些值得称道的，让你激动莫名的优点，就会把对对方的抱怨不满降低到最低限度。

有时候，男人就像孩子，是很容易满足的，只要身边的女孩给予一定的赞美和鼓励，就会让男人信心大增。当他取得了一定成就的时候，不妨第一个为他鼓掌，和他一起庆祝。当他对自己的能力产生怀疑的时候，不妨数一数你看到的他所有的进步和改变，告诉他你已经很满足了，因为看到伴侣的这些成就和进步就看到了他对整个家庭的奉献，看到了你们共同的成就，看到了整个爱巢的筑就过程。

时时记得欣赏对方，当然是好的，当然糖也不可以给太多，给的太多了对方就不知道甜了，把你的赞美看得更廉价。在温柔赞美的同时，不要忘记带上你的鼓励，当他头脑发热的时候，不要忘记你的提醒。

做老公的“粉丝”，但不要盲目去崇拜他，不要胡乱欣赏他，只有欣赏到了位，挠到了对方的痒处，伴侣才会对你的欣赏和赞美表示赞同，才会觉得你和他“心有灵犀”，是他的“知音”。对于众人都颂扬的成就不妨放一放，改而欣赏他的努力和勤奋，欣赏他的坚持和毅力，欣赏他不为人知的小爱好，欣赏他的“个性”，只有这样的理解和欣赏，才能让他感动，让他感受到你的贴心，从而更加爱你、依恋你。

若即若离，相爱也要互留空间

夫妻是两个相互独立而又互相支撑的个体。因为相互独立，所以一定要为对方留出足够的空间，因为相互支撑，所以彼此之间又要相互关怀和爱护。爱护的限度不要超越对方设定的界限，更不要因为彼此设定的界限而冷漠对待对方的情绪。

夫妻之间相处，是一个很难掌握尺度和距离的事情，稍微近点，怕侵犯对方的隐私，稍微远点，又可能被埋怨对伴侣漠不关心，过于疏离。人们常常说“至亲至疏是夫妻”，不是没有一点道理，其实不仅仅是女子和小人“难养”，男人也一样，尤其那个叫丈夫的男人，更是“近则不逊远则怨”，近不得远不得，才真正叫人为难。

互留空间，其实不仅仅旨在为对方留下一定的空间，尊重对方的隐私，还在于给自己保有一定的自由和空间，让对方尊重你的隐私，不要触犯你的底线。尊严和责任都是相互的，谁都没有理由触犯别人的权利和尊严。不能在要求别人给你留空间的同时，进入到对方的秘密世界当中，不给别人一点点自由和空闲。

当男人觉得一个女孩的爱过于累人、过于拘束时，女孩就要学会反省自己了：是不是自己给了他过于沉重的爱，以至于他不能承受？是否自己把所有对生活的期望都寄托在了他的身上，以至于他感到压力过大？是否自己的爱过于纠缠，让他感到没有自己的隐私和空间，在你面前变成了一个透明人？想一想如果有一个人全心全意爱你，甚至胜过他自己，而对你却毫无所求，你是不是会手足无措？觉得无法回应他？甚至总觉得亏欠他？这样无法承受的爱，对于两个人来说都是灾难。

学会给男人轻松的爱，就是要给彼此都留下一点空间和距离，给对方留下一点隐私，让他可以自由自在地跟自己的哥们吹牛侃大山，而不加干涉；让他偶尔熬夜打一晚上的游戏也不要去管他，让他心里留一段属于自己的单纯回忆和快乐；尊重他的理想、信仰和追求，无论他做了对的还是错的选择，都一如既往地支持他，这才是真正的为对方保留空间。

与此同时，你偶尔也要让自己摆脱沉重的家务，和自己的闺蜜好友聊聊天，血拼一下；偶尔晚上出去唱唱歌，跳跳舞；偶尔自己度过一个假期，自己出去旅游；不要永远守着一大桌子菜，等着你的男人，这样做只会让自己在等待中变得更加幽怨；不要把爱人和爱情当成你的全部，女孩要有自己独立的事业，有自己自娱自乐的方式，有消遣时光的能力。

只有这样，女孩才能爱得有尊严，爱得有自我，男人才能爱得更舒适。爱情追求的是彼此间的愉悦而不是相互折磨，当你感受到这样的折磨了，就要诉诸语言，彼此沟通，寻找更好的相处方式，找到你和对方都能

够接受的距离和尺度，以保证双方都能感到舒适。

爱情是一个蒙着面纱的姑娘，揭开面纱能够看到她的真面目，但美妙的感觉却没有了。不要以为你的爱情经得住近距离的审视，不要以为把双方勒得都喘不过气来才是“真爱”。真爱并不是对对方了解得有多清楚，理解得有多深刻；而是即使不能理解的，你也去尊重和维护；即使不能洞明的你也去信任，这样的爱才是最安全的，也是足够的。

爱给得太多，就像强塞给别人过多的饭，都会让别人无法容忍。爱的美妙就在于它的若即若离，在于那种神秘而无法言传的愉悦感受，因此不是给得越多，体会越深刻越好，更不是距离越近越亲密越好，而要恰如其分，你给的重量正是他能够承受并且愿意接受的，你给的距离正是能不会哀怨而乐于分享的。

有人说：“爱情就像拔河，当双方的力量彼此制衡，你们之间就可以维持平衡，维持最微妙的美好感觉；当一个人放手了，难免会把另一个人摔得生疼；但是如果你用了太大的力气，不怕使对方手中的绳索偏移，从而把自己和对方都摔倒吗？”爱的美妙在于若即若离，所以女孩要学会掌握火候和力道，不要让太炽热的爱伤害了两个人。

呵护婚姻，女孩也要为爱付出

爱就是付出，曾经记得一个人说：“恋爱之所以能够进行下去，是因为其中一个人不怕伤害。”婚姻之所以能够进行下去，也许就在于其中一个人不计较付出多少。在婚姻中也一样，付出不一定有回报，但不付出肯定是没有回报的，只有不断付出才可能有回报。为了爱付出是一种最高尚的行为，付出和爱使一个女孩感到幸福。

婚姻生活脱掉了爱情华丽的外衣，就会逐渐变得平淡，日子总要在柴米油盐中度过，当激情不再是生活的主旋律，当爱情退去了炫目的色彩，当我们不再轰轰烈烈、海誓山盟，婚姻要怎样在平淡的日子中过得有滋有味呢？这时候就要看女孩的智慧。

其实婚姻生活不是一杯白开水，我们完全可以将它变成一杯蜂蜜，一杯浓茶，一杯果汁，一杯牛奶，滋味多样，营养丰富。只要把自己的关爱一点一滴融入日常的一茶一饭当中，将自己的体贴呵护体现在每一个微小的细节，伴侣就常常会因为一个细心的问候，一句温馨的提醒，一声关切的叮嘱而感动。曾经看过这样一则广告，丈夫要出差了，在机场时遭遇了胃痛的尴尬，这时候，细心的老婆及时地送来了丈夫平时用的胃药，两个人于是在机场大厅紧紧相拥，温暖了所有行色匆匆的路人。

生活中的感动往往体现在一个个微小的细节，可能是一杯冒着热气的姜汤，可能是一碗再平凡不过的面，可能是临出门前的一把伞，可能是一双温暖的毛袜，可能是不经意间颇有默契的相视一笑。没有风花雪月，也没有海誓山盟，但你知道我在想什么，我也知道你想说什么，这就是生活中的最平实也最浪漫的爱情。不用蜡烛来点亮，也不用玫瑰增添它的芬芳，爱情就是这样，比所有经营出来的浪漫更加温暖，比所有营造出来的“情趣”更令人感动。

婚姻中有爱情来滋润，女孩就会变得娇美如花，婚姻也将更加甜蜜。当然，为爱情付出不代表着把所有家务，所有生活中的琐事都一手包揽，而是多给对方一点点关心；而且不单单给他本人，帮助伴侣关心他的父母，促进他与同事的关系，和他的朋友建立友谊；和伴侣分享你的心情；分享伴侣的兴奋和喜悦，分担他的痛苦和困难；在困境中和他一起坚守，相濡以沫；在他陷入痛苦的时候，能够带给他安慰，不离不弃，不要让他独自地去面对；当他向你发泄自己的痛苦时，能够体谅他的心情，默默陪

伴他。这些都是爱一个人的方式，都是为婚姻付出的方式，这些关怀和体贴都能够让你们的爱情得到升华，让你的婚姻更加甜蜜。

经营婚姻的智慧，当然也不仅仅是为爱付出，当伴侣对你的付出视作理所当然且视若无睹的时候，你也有必要提醒他。爱是无私的，是不计较回报的，不等于自己付出的爱得不到回应，还要继续下去。当对方不知道珍惜的时候，不妨把你的付出收一收，不要让他把自己的所有付出都当作理所当然。例如，平时都是你帮他洗衣服，可以找一天借口病了，或者出差了，让他堆几天脏衣服、臭袜子，他才会知道你平时都对他付出了什么。让他做两天饭，当他开始抱怨的时候提醒他："你才做了两天就开始抱怨，我要天天做的。"勇敢地选择自己的事业，不再牺牲自己的机会毫无保留地支持他，让他感觉到你的牺牲，才会更珍惜你的付出。

总之，爱一个人并不是毫无保留地付出和奉献自己，还要让对方感受到，爱是两个人之间的相互关怀，不要让你的付出和爱变成仆人的付出，不要惯坏你的男人。用爱滋养婚姻的智慧就是：在相互关心中，在相互回馈当中，让你们的爱情越来越深厚。因此付出是一回事，激起对方的反应和回报又是另一回事，不要让你的付出变得廉价，不要让你的爱变得平庸，让对方也学会珍爱你。

学会用爱情来滋养婚姻，用智慧来经营婚姻，才能让婚姻变得更加稳固，更加甜蜜，生活才会更幸福。

包容对方，为爱松绑

有人说："幸福的婚姻是由一个视而不见的妻子和一个听而不闻的丈夫组成的。"两个人相处久了，对方的一切在自己的眼中难免纤毫毕现，尤其是缺点更是如此，恋爱的时候往往只看到对方的优点，激情把一切瑕疵都掩盖了起来，随着激情逝去，两个人逐渐变得清醒，对方的一切在自己的眼中都清晰起来，很多小缺点都成了难以容忍的缺陷，这时候是要睁一只眼闭一只眼，还是要不断挑剔对方，督促他改掉那些坏习惯？

本人的建议是，如果对方有你根本无法忍受、难以原谅的缺陷，那么干脆离婚。毕竟一辈子好几十年，忍受你根本无法忍受、无法理解的行为，对任何人来说都是不人道的。如果是生活习惯上的不同，比如说一个人爱洁净，另一个人比较邋遢，在一起生活时间长了以后，自然而然两个人就会相互影响，很快就能够习惯，不用特意督促对方去改正。对于一些在你的容忍范围之内，但你却看不惯的行为，比如爱吹牛、习惯性说谎（当然是无关紧要的）、比较苛责、小心眼等，既然能够容忍，不妨就包容下来。要知道“江山易改本性难移”，别人二十几年的脾气性格怎么可能改掉？再者，谁没有缺点呢？也许你的行为中也有对方看不惯的，只不过对方在默默包容你，没有说出来而已。

学会用宽容为爱情松一松绑，爱起来才能更舒畅，其实一个人对另一个人过于挑剔和苛责，往往是出于爱对方，难以忍受对方居然会有缺点。往往越爱对方就越容易在一些无关紧要的小事上挑剔，这就是所谓的“爱之深，责之切”吧。但相处的要诀和爱情却不同，两个人相处起来讲究的是让彼此都感觉到贴心、舒服，没有勉强，所以包容是很重要的。

在漫长的婚姻生活中，能否相互包容则是两个人努力的问题，是婚姻能够继续下去的基础。一方面知道对方很反感自己的哪些缺点，慢慢加以改正；另一方面也要慢慢适应对方，包容对方的缺点。岁月的确能够把一个人的缺点放大，但是也能够把一个人的心胸变得宽广，无论是男人还是女孩，有一点心胸包容对方，你们的爱情才会更加甜蜜。

有时候属于对方固有的一部分脾气和特点，可能在恋爱的时候，你还

会把它当成一种“个性”，婚后却觉得难以忍受，只不过是在一起的岁月把你变得心态过于敏感罢了。不要奢望可以把伴侣变成你心目中的形象，那是不可能的，爱一个人就是爱他的一切，包括他的优点和缺点。在长长的岁月里，女孩要有一点盲目崇拜、盲目欣赏的勇气，这不是迷信而是相处的智慧。

每个人都有自己改不掉的缺点，就算一个小缺点，包容一辈子也太难了，所以我们对那些可以白头偕老的人，都应该给予一定的敬佩。是否和一个人相伴一生，不应该看他有多少优点，而应该仔细审查他是否有你根本无法容忍的缺点，如果没有，还挑剔和苛责，在一些鸡毛蒜皮的小事上和对方争吵，只能让自己和对方都过得万分不自在，女孩不应该是严苛的老师，而应该是温柔的妻子。

两个人要相处一辈子，不能处处斤斤计较，多付出一点，多包容对方一点，维护对方的尊严是每个在婚姻中的人都要做的。凡事不过于计较，让自己的感觉神经迟钝一点，就不会因为一点点小的伤害而感到伤心难过，就不会因为对方的一个小瑕疵而苛责别人了。

一个女孩，只有当她自己的心胸广阔了，才能让爱情更加甜蜜，婚姻更加幸福。否则生活中的一个小小的沟坎在她那里都变成了一个无法逾越的鸿沟，一个小小的毛病，在她眼里都变成了无法容忍的缺陷，整天烦恼痛苦，哪有真正的快乐可言呢？只有心宽了，爱才能更加密。

张爱玲在她的作品中写道：“娶了红玫瑰，久而久之，红的变成了墙上的一抹蚊子血，白的还是‘床前明月光’；娶了白玫瑰，久而久之，白的变成了衣服上的一粒饭沾子，红的却是心口上一颗朱砂痣。”岁月的确能够磨灭激情，能够让平凡的男女变得相看两厌。而明智的夫妻却能够把爱情的美酒好好封存起来，年岁越久，就会越香醇。不过不断地包容对方，肯定是其中的一个诀窍。

学会知足，用心感知爱

“知足”是一个人能够珍惜周围一切和感觉幸福的基础，如果一个人内心始终感觉不满足，就会不断去索取，甚至不择手段地去抢夺，但是往往拥有得越多，这种“不满足”也越多，内心深处也越空虚。对于爱情来说也一样，如果一个女孩总是对别人的付出不满足，总觉得别人欠你的，总觉得对方爱得不够多，她是不会得到真正的幸福的。

女孩总是贪心的，希望男人更加宠爱自己，希望在男人的心底自己是最重要的，超过他的事业、他的母亲、他的亲人、他的朋友，甚至总是千方百计地用各种问题——我和你妈一起掉水里你会救谁；在你心里我占多少分量；工作真的比我还要重要吗；你今天到底陪我还是陪别人等来刁难男人，以证明自己在他心中的分量。女孩总是希望有一个男人无怨无悔，无论她是否结婚还是有小孩，还是到了七老八十都永远在那里等着她。

但是，现实是残酷的，你爱的男人往往他的心是分成几瓣的。他的心中有自己的理想和事业，有他自己的世界，有他的亲人和过去，甚至给自己过去的恋人都留了一个位置，你在他的心中当然是重要的，但是，最多跟其他的一样重要，如果你和他的其他责任发生了冲突，甚至不能肯定他不会舍弃你，甚至可能会为了一段暧昧而结束你们多年的感情。爱情就是如此残酷，却如此现实。当然女孩也是如此，你能肯定地说，当你的伴侣和你的亲人或者事业发生冲突的时候，你一定会站在他一边吗？当你面对必须抉择的场面的时候，一定不会舍弃他吗？更何况好男人的责任心一向比女孩的更重，而且更加心软，何必要强求呢？

有颗知足的心，就不要过于在乎自己在男人心中的位置是否最重要，不要和男人其他的责任去比较，此时此刻陪在他身边的就是你，这就是最大的幸福，他在为你们的生活而付出这就是最大的实惠。至于他为他应该

担当的责任付出了多少，那是他的义务，女孩不要过多干涉，反而要给予鼓励。

记得一个朋友曾愤愤不平地说丈夫给自己和他的母亲各买了一件羊绒大衣，当时她很高兴，翻看发票的时候，却发现自己和婆婆的大衣根本不是一个档次，婆婆的衣服足足比自己的贵了一千多元。她愤愤不平：婆婆那么大年龄，又不常外出，哪需要这样体面昂贵的衣服？相反，自己常常出去才用得上这样的衣服，于是向丈夫发怒。丈夫却回答她："你的钻戒比这怎么样？你的名表比这怎么样？你的香水比这怎么样？去年我为岳母买的那一套转角沙发比这怎么样？你为我的妈妈买过一双袜子吗？"妻子目瞪口呆，才发现原来丈夫为自己付出了这么多，自己却还不知道满足。

女孩要懂得知足，只有知足才能常乐。一个人的爱是有限的，当你索取的多过他愿意给你的，你们之间的爱就会慢慢走到尽头。在不幸福的女孩嘴里，出现最多的就是"不甘心"三个字，似乎一切的痛苦都来源于此。为什么不甘心？是因为自己爱得多而对方爱得少？爱情也是能够计较称量的吗？所有的真爱都需要付出，却不一定能得到你想要的结果，既然爱他是自愿的，就要愿赌服输。

爱人还在你的身边，你们没有长时间远距离的分离，他还没有辜负你。你知道他一定是爱你的，而你也爱着他，这就是最大的幸福，还何必计较谁爱得多谁爱得少呢？又何必计较他为你付出了多少呢？人们常说"百年修得同船渡，千年修得共枕眠"，你知道两个在婚姻中的人相互爱着需要多大的缘分吗？这世界上同床异梦的人比比皆是，而你身边的他，至少在这一刻是一心一意的，这就足够了。

能够满足于此刻的幸福，才能安心享受你们的爱情，而男人最大的追求也就是让自己的女孩感到安稳，感到甜蜜，感到心满意足。你的满足会让男人得到梦寐以求的平静，得到力量，感到快乐和满足，这才是婚姻最美好的一面。

爱情不是人生全部，别为爱迷失

作家梁晓声曾经在自己的作品中写道："下一世，我想做女孩，做一个平常的女孩，一个没有花容月貌的女孩，活得非常理智，决不用全部的心思去爱任何一个男人的女孩。用三分之一的心思去爱一个男人，就不算负情于男人了；用另外三分之一的心思，去爱世界和生活本身；再用那剩下的三分之一心思来爱自己。"

不在爱情里迷失自我，才能够拥有真正的爱情，爱情只是人生中的一部分，是对于世事百态的一种情感体验。正像亲情、友情一样，没有这种体验，人生会留下缺憾，但如果一味沉迷其中，人生就少了其他内涵。爱情是生活中的糖或者盐，缺了它，味道固然不够鲜甜，但一味吃它，谁也受不了。

在婚姻中女孩应该学会保持自己的尊严和自主，感情不能够强求，更不是付出就能够得到回报，相反，一味地索取而不懂得付出，也只能让自己的感情生活一片荒芜。在爱情中不迷失自我的含义在于保持自己的特色和独立性，并允许和欣赏对方保持他的独立性和特色，爱就是爱对方的特色，爱对方最独一无二的特质，也让对方爱你最独一无二的特质。不为了获得爱情而改变自我，也不为了爱情强迫他人做出改变，不为了爱而委屈自己、放低自己。

在《致橡树》中，舒婷写道：

"我如果爱你——

绝不像攀援的凌霄花，

借你的高枝炫耀自己；

我如果爱你——

绝不学痴情的鸟儿，

为绿荫重复单调的歌曲；

我必须是你近旁的一株木棉，

作为树的形象和你站在一起。

根，紧握在地下；

叶，相触在云里。

每一阵风吹过，

我们都互相致意，

我们分担寒潮、风雷、霹雳；

我们共享雾霭、流岚、虹霓。

仿佛永远分离，

却又终身相依。

这才是伟大的爱情，

坚贞就在这里：

爱——

不仅爱你伟岸的身躯，

也爱你坚持的位置，足下的土地。”

分担和分享才是爱情的主题，依赖、攀援而放弃、迷失自我，只能让你在爱情中迷失自己，忘记自己的使命和责任，忘记自己的人格尊严，丧失了自己的独立特色，最终也将丧失原则丧失爱情这种美好单纯的东西。

无论爱谁，首先爱自己；永远不用爱情的名义伤害别人；永远不让另一个人以爱情的名义伤害你；可以做出退让，但绝不违背自己的原则；爱他，但绝不溺爱，拼命讨好；给他足够的空间，但绝不放纵；珍惜爱情，绝不沉溺于此，无法自拔，绝不玩弄、爱上爱情这种感觉。

人们常说“婚姻是一种契约”，其实爱情也是，不过爱情是不成文的契约，所以更少约束力，是否遵守这纸契约，只取决于双方的态度和感情，所以爱情是最没有保障的东西。人生应该经历这种轰轰烈烈的东西，但充其量也只不过是一种人生经历。不要轻信只要有爱情什么都能克服这种论调，更不要轻易为它放弃所有，尤其是自己的事业、信念、理想这些对于自己人生分外重要的东西。

有一部电影叫作《罗丹的情人》。历史上真有其人，叫作卡米耶·克洛岱尔，是一个天才的雕塑艺术家，是罗丹的学生。她在17岁时，遇到了那个雕塑大师，并热烈地爱上了他，成为了他的情人。但是罗丹对她的爱却一半来源于她自身的魅力，一半来源于艺术或者对天才艺术家的毁灭狂热。当他意识到卡米耶的天才几乎已经到了让人震慑的地步，罗丹说：“于是你成了我最强的敌人。”不但卡米耶的艺术始终笼罩在罗丹的阴影之下，他甚至说过诸如此类的话，“不管你有什么创见都应该屈从我，叫你不可相提并论！”

不仅仅如此，他的身边还始终站着自己的另一个生活伴侣“玫瑰”，虽然没有婚姻，但“像只动物一样依赖着他”。让卡米耶的爱情变得像一个笑话，于是这个艺术感与激情都一时无二的女孩最终被逼疯了，她在长达十余年的爱恋之后，她决定离开。但是这十几年已经透支了她所有的幸福，她已经没有浴火重生的能力，离开罗丹八年后，卡米耶在艺术的痛苦和感情的痛苦中被逼疯了。

难道她不知道罗丹一开始就有长期的生活伴侣，并且有孩子吗？击垮卡米耶的不是另一个男人的爱情，而是她对爱情的理解，她以为自己凭着爱情就可以改变生活中的一切，结果她只燃烧了自己。

爱情对于女孩来说，就像一把火，幸运的女孩通过它能够像浴火的凤

凰一样，发出更美丽的光彩；不幸的女孩却可能把自己烧成一只乌鸦，甚至尸骨无存。其实没有是否幸运一说，经历过爱情的女孩都知道那是伤筋动骨的，幸运女孩的幸运之处在于她对爱情有着理性的理解，总是在世俗承认的规则之中追逐自己的爱情，而且绝不心存侥幸，认为真爱无敌，更不迷失自己，把伴侣看作一切。

因此，她们对于爱情是认真的，但绝不闭上眼享受爱情，决不在爱情中迷失自我，她们不被浪漫迷惑，不被殷勤蛊惑，不被宠爱遮蔽，看得见爱人的一切缺点，也容忍他在自己原则内的缺点，而且拒绝被爱情挟持，决不放弃自己的尊严和独立性。她们不玩弄爱情，也不把它看成生命中的一切。

所以，聪明的女孩对于爱情的追求和对于理想的追求一样，是真挚热烈而理性的，绝不以牺牲自己和自己的一切为前提，所以最终才能获得最甜蜜的爱情。

培养共同爱好，做彼此的朋友

有人说，女孩在爱情中最好的状态就是“亦妻亦友”，将对方不仅仅当成你的丈夫、你的爱人、你生活的伴侣而且要当成你最要好的朋友，志同道合的同志，有共同志趣和爱好的知心，只有这样的关系，才是最牢固的。

在生活中每个人都扮演着不同的角色，因此自身也有着不同的价值。在婚姻中你同样也可以扮演多重角色：温柔的妻子、可爱的女儿、体贴的母亲、心灵相契的知音、有共同爱好的朋友等，朋友只不过是最普通的角色之一，但这个角色也是最不可缺少的。拥有共同的爱好、共同的目标，你们就拥有了更多共同的话题，有了共同的计划和一起游玩，一起享受生活，一起快乐的机会。

生活就是分享，而有共同的爱好，无疑使你们可以共同分享的东西多了很多，如果你们有性质类似的工作，常常会和对方共同分享事业上的资源，然后享受成功的乐趣，他知道你突破了怎样的难关，你也知道他取得了怎样的成就，你们拥有共同的兴奋点，在情绪上和对方有共同的振动频率，自然更加“心有灵犀”。当你意识到，你的整个家，整个事业所有快乐和烦恼，成就和挫折都是和对方一起拥有的时候，你会发现，你离不开他了。因为你的整个青春岁月都是和他一起度过的，你的所有生活的痕迹，都有他的参与，他和你之间已经是一个不可能分割的共同体了。

当割舍他的时候，你会疼痛，当他割舍你的时候，他也会流血，因为你们的整个灵魂都融合在一起。婚姻之于你们也就成了一种形式，灵魂的相契让彼此都无法替代。这是每个女孩都希望达到的婚姻的最高境界，当然只有很少人的婚姻能够如此相契。很多伴侣，他们的志向是不同的，甚至事业也在不同的领域，这时候，就需要彼此有更多的共同点，有更多共同的话题，否则共同点逐渐减少，可以交流的东西逐渐减少，慢慢两个人就会陷入无话可说的窘境。

如果没有相同领域的事业，就要尽量培养共同或者相似的能够协作的业余爱好，有共同的爱好，你们之间可以谈论的东西就多了很多，彼此之间就能够有更多的交流，也很容易理解对方，甚至通过对方在爱好中的表现理解对方的性格、信念，培养彼此间的各种默契。

曾经听过这样一件事，在20世纪90年代初，某个男子迷上了国标舞，经常出入舞厅等娱乐场所。当时大家的思想还比较保守，男人的行为很惹人诟病，并且跳国标舞讲究一种灵魂上的交流，这样跳起来才有那种相互交融的神韵，才能引起旁观者的共鸣。在跳舞的过程中，男人和他的舞伴

产生了一种朦胧的情愫。这时候，敏感的妻子明显感觉到了事情继续下去的不妥，但她并没有哭闹着威胁丈夫离开他热爱的舞蹈，而是要求丈夫也带她出去“开开眼界”。丈夫为了让妻子了解国标舞的迷人魅力，也为了让妻子继续支持自己，就带她去了，一来二去，妻子也感受到了国标的魅力，毅然跟随丈夫一起上场，当起了丈夫的舞伴。

不久，两个人发现，他们的生活改变了，原来一个人喝茶另一个人在旁边默默收拾家务的情景不见了，取而代之的是吃完饭后两个人一起刷碗，一起研究舞蹈中的各种问题，有时候还会相互探讨一番，甚至洗着洗着碗，两个人就一边讲着，一边跳着。两个人在感情上也日益深厚，对彼此也越来越了解，因为在舞蹈上的交流，两个人的关系更亲密了，甚至胜过了新婚时候，他们发现，原来对方的一颦一笑在自己的心底都印了好久，原来对方的一个眼神自己就能够懂得。

每一个人都是一个同等大小的圆，我们不可能完全消除彼此间的差异，但是却可以让相交的部分增多，在保持各自的隐私空间和各自的个性差别的基础上，共同拥有的东西越多，就意味着相交的部分越大，你们互相之间就越难舍弃。

做彼此的好朋友，就意味着，你们有共同的理想和志趣，在同一个领域内有很多共同的想法，这些想法就是和谐的基础。做彼此间的好友并不意味着将你们的关系变得疏离，相反，你们会因此而更加亲密，本质上来讲，爱情不就是异性之间一种有独占欲的友谊吗？爱情并不只意味着生活范围内的相互照顾，躯体的相互交融，还意味着灵魂上的相交，而朋友之谊正是这样一份灵魂上的相交，让彼此之间更有相契的感觉，往往让你们的爱情更加幸福。

第 9 章
职场心态：女孩提升竞争力，蜕变成职场精英

生活重在享受，而职场重在竞争，所以，在生活中强调心态要平和，“知足常乐”，而在事业中则强调心态要积极，勇敢面对竞争。学会表现自我，才能引人眼球；学会担负责任，才有机会担大任；工作认真，让工作时的心情更飞扬。在职场中女孩要学会不断追逐自己的梦想，这样成功、快乐和理想才能离你越来越近。

敢于表现，发挥你的能力

在职场上，只有善于表现，才能够赢得更多的机会，而获得机会往往意味着拥有更大的平台。不要小看一个小小的职位，它不仅仅是薪水的多寡而已，借助这个职位，往往能够了解到你在其他职位上不可能了解的东西，让你的知识、经验和能力都得到很大的提升。

比如，从技术性职位调入一个管理岗位，就意味着你负责的东西不同了，往往原来你只和技术、机械或者客户打交道，而职务改变以后，你更多要跟人尤其是内部人打交道，尺度的拿捏，分寸的掌握都要更加精细、谨慎，因为毕竟要长时间在一起工作。平衡和管理能力更要不断升级，以适应职务的变化，而这方面的能力，也许在未来的某个时刻，将为你的事业成功做出巨大的贡献。

人们常常说，老板要操心的事情和员工要操心的事情是不同的，所以往往要注重培养“老板”心态，也就是管理者心态。而在这之前，就不要吝啬表现自己的能力，因为只有懂得表现自己，才能获得领导的赏识，获得同事的尊重，才有可能让你的才华有用武之地。无论任何人都是尊重和敬佩强者的，尤其在竞争如此激烈的现代企业，更是如此。没有人会因为薪水上的减少而同情你，更多的人是“以成败论英雄”，崇拜、尊敬、羡慕那些比自己能力强，比自己更有才华的同事。而适时表现自己，无疑是给别人一个认识你、认同你的机会。

如果你在工作上表现突出，显示出不俗的才干，周围的同事就会真心地佩服你，有事情往往乐于听从你的意见，你就变成了一个“领头羊”，这种“领头羊”在每个小团体中都会有一个。当机会来临时，上司往往就会毫不犹豫地选择你去完成，即使平级的同事也会乐于协助你，而如果你愿意在最后和他们一起分享成果的话，更能够赢得大家的敬佩。

善于表现自我，更容易得到上司的赏识，也就更容易得到更多的机会，因为表现自我就是希望从事更有价值的工作的一种表现，当你自我努力的时候，当然更容易获得别人的帮助和提拔。

曾听过这样一件事：一个建筑商把一项任务分配给了手下的建筑工人，不久以后，这群工人里面就诞生了一位“工头”。很多员工都表示不解，因为那个“工头”技能并不是最好的，从业时间也不长，完全没有“资本”。建筑商的一番话揭开了谜团：“你们看他与你们有什么不同？他在工作服的外面穿了一件很显眼的红色马甲，在一众灰扑扑的员工里面特别显眼，无论我分不分得清你们谁在干活，我一眼就能看到这个小伙子在忙碌。而且，在你们上工以前，他往往最先把工具放到你们各自最趁手的地方，显然对你们之间的协作很熟悉，对你们使用的工具也很熟悉。在你们收工以后，往往放下工具就走了，而他则会把你们所有人的工具都收拾起来，整理好。所以，就算他技术不是最好的，但他是最上心的，所以才最有资格‘升职’。”后来这个小伙子果然表现不凡，最终成为一个出色的建筑工程师。

当然，善于表现自我，并不是要你出风头，表现自我和出风头不同，表现自我更注重的是在自己职责范围内，对于自己工作能力的一种表现，而不是出其他的风头，比如炫耀自我，争抢功劳和名誉等。总之，表现自我强调的是对于工作和能力的“炫耀”，而“出风头”更多是强调对于自

己名誉和功劳的“炫耀”，所以出风头往往让人不喜欢，而表现自我往往得到人们的尊重和认可。

还记得毛遂自荐的故事吧？平原君在秦赵大战中奉命去求楚国出兵解围，这时毛遂走出来自荐，平原君因为毛遂三年来一直无所作为，而质疑他的能力，认为贤能者处世应该如锥子处在囊中，尖梢立即可以显现出来。毛遂于是说道：“我正在请求进到囊中啊！”听了毛遂的辩解，平原君认为他颇有口才，正是很好的说客，能够很好地完成任务。果然，在楚王和平原君舌战一上午无功之后，毛遂三两句话就让楚王决定出兵。

毛遂之所以在平时不出风头，大概不过是因为没有遇到适合自己的“囊”。所以自我表现也要讲求时机，一旦时机适合，就要及时表现出自己的才能，展现出自己的能力，才会让自己有更大的表现平台，做出更卓越的功绩。

热爱工作，在工作中发现乐趣

在工作中发现乐趣，享受工作的激情，是一个女孩能够工作好的最大动力，如果把工作看成一种累赘和负担，工作就只能是辛苦和疲惫的代名词。当你动用自己所有的脑力和激情工作的时候，肯定不仅仅感到疲惫，还会有一种完成使命的轻松感和成就感在其中，这就是工作的快乐所在，也是工作的意义所在。

梁启超曾经在他的演讲《敬业与乐业》中写道：“人生从出胎的那一秒钟起到绝气的那一秒钟止，除了睡觉以外，总不能把四肢、五官都搁起不用。只要一用，不是淘神，便是费力，劳苦总是免不掉的。而天下的苦人莫过于厌恶自己本业的人，这件事分明不能不做，却满肚子里不愿意做。不愿意做逃得了吗？到底不能。结果还是皱着眉头，哭丧着脸去做。而且凡是职业，必经历奋斗之乐；更总有许多层累、曲折，倘能身入其中，看它变化、进展的状态，更为亲切有味；与同业者竞争更有其乐趣；专心做一职业时，把许多游思、妄想杜绝了，省却无限闲烦恼。”这是工作的四种乐趣，“人生能从自己的职业中领略出趣味，生活才有价值。”

梁公说得很透彻，工作既然不能不做，那么与其愁眉苦脸去做，不如从中找出更多的乐趣，爱上自己的职业，爱上自己的工作，则是人生更高的一种境界。有人在世上生活觉得苦，有劳作之苦，有不得志之抑郁，有琐事缠身之烦闷；而有人在世上生活则觉得乐，所有的琐碎中都透露出生活的温馨，透露出希望，何尝不是一种趣味？快乐与否只不过是主观的感受罢了，与工作、生活的性质怎样关系很小。

艾伦·布瑞格汉是英国剑桥市市中心的一名清洁工，这个工作他已经做了30年。他曾经是历史系毕业的本科生，但因为生活所迫，不得不扫起了大街，但他后来发现自己特别喜欢户外，特别享受在街上工作，与来来往往的人打招呼。后来因为长时间做清洁工作对剑桥市的街道、城市变化了如指掌，学校的教授、计算机专家、技术牛人和商店的工人，所有的人每天都给他讲关于这个城市的故事，他慢慢熟悉并爱上了剑桥的每一条街道，并兼职做起了导游，两种职业互相促进，终于让他成为杰出的城市形象宣传员，甚至最终获得剑桥大学的荣誉硕士学位。

只要对工作用心，热爱自己的本职，一份普普通通的清洁工作都可以发掘出如此多的乐趣，何况是我们正在从事的工作？爱上自己的职业就能够从中发现更多有趣的东西，就会更热爱工作。事业是一个女孩最好的精神寄托，如果不工作就能拥有足够富裕的生活，你会发现自己的一切努力都会缺少了一种价值，自己的生活中也少了很多乐趣，工作不仅仅能够使你的物质生活更加丰富，还能丰富你的精神生活，让人生更有价值。

当你意识到自己的工作对别人有着怎样的价值和意义的时候，你就会觉得自己的岗位举足轻重，意识到自己的重要性，全身心地投入一件事情当中时，那种充实和快乐是无法言喻的。当然，获得他人的认可和赏识，也会让一个人充满自信，他人的欣赏和尊敬是一个人感受自我价值的最佳途径，也是自信的基础。当你为自己感觉骄傲的时候，就会本能地热爱起自己的工作。

每个人都有自己的爱好，有人喜欢音乐，有人热爱赛车，有人喜欢机械，有人喜欢运动，如果能够让自己热爱的东西和本职职业联系在一起，当然是最理想的状态。如果不能，只要对自己的职业不反感，坚持下去，就能逐渐体会出其中的乐趣，也能减少工作的辛苦感觉，何乐而不为呢？“做一行就要爱一行”，学会爱上自己的工作，才能在人生中找到更多的价值和乐趣。

细致入微，认真工作

在职场上，工作最重要的在于经心和细心：经心的意义在于用心去工作，用头脑去思索，而不是敷衍，凡事用心即“经心”；而细心，则是更注重细节处，工作精细、严谨、认认真真、一丝不苟，只有这样才能把事情做好，做细，做到位。

很多人做事只求快速或者只追求成绩，却在细节处不够用心，处理不够恰当，或者没有注意到他人的内心感受，往往工作做了不少，却没有让人非常满意的、有自己独特之处的，甚至可能出现纰漏，导致风险增大。只有用心工作，细致思考，思虑严密，把方方面面的事情都考虑到位，事情做出来才能让人眼前一亮，独具匠心，让人感觉格外舒服。

如果自己的工作做得中规中矩、四平八稳、毫无特色，虽然挑不出错，但也绝叫不出好来，你就要自我反省了。一个人的能力可能有大小，想法可能有新奇、落伍，但无论思想怎样，一件事情只要用心了，只要认真去做了，总能让人在细处看到些微的不同，看到其别致处。

记得曾看过这样一个小故事，有一个木匠被大家争相称颂，认为他做得活很好。一个富商听说了，于是要求这个木匠帮他打造一把椅子。不久椅子打造好了，富商乍一看却大失所望，普普通通的一把椅子，甚至连花纹都没有。但是坐了不久，他就发现了这把椅子的好处：扶手处是用细砂纸打磨过的，没有一根木刺，光滑得好像坐过十几年的旧椅子；所有的棱角都带着一点圆弧，不慎磕碰到绝不会很疼，甚至在椅面上都有很不明显的两个印痕，那是只有十几年如一日坐过的椅子才会有的；椅背有一点点外斜，靠上去的时候绝不会硌到背部，让人很舒服；不经意扫一眼椅子下面，甚至连背面看不到的地方，都打磨得很光滑。与他屋子里各处的摆设更是同一颜色，同一质地，甚至用了同一种木材，摆在屋中绝不突兀，虽然不起眼，但低调处，让人生出愉悦舒服的感觉。这才觉得众人所言不虚，这个木匠果然非常高明。

这就是工作的用心之处，只有处处注意细节，处处顾虑到，才可能产生这样的效果。我们总觉自己工作多么辛苦，多么刻苦认真，为什么却只有苦劳没有功劳？这就在于自己不够精细，不够用心。如果做事时，能够事无巨细都认真考虑，检查一遍，看看这件事与它上下的环节衔接是否自然，毫无瑕疵，甚至把下一环节工作者的工作态度、工作习惯都考虑进去，最后再查漏补缺一番，就不会出大的纰漏，更会让自己负责的一部分看起来更加完美。

曾经听一个总经理抱怨现在的年轻人做事越来越不用心了，原因在于自己的老秘书辞职以后，聘请来的新秘书一个个做事让他都不放心，他总

是感到哪里别扭，却说不出来。只好换了一个又一个，后来来了一个做事非常细心的秘书，终于感到安心了，问她到底哪里和别人做的不同，为什么总感觉别人做得别扭呢？秘书小姐说："您是个左撇子，大家却按照习惯，总把文件放到右边，您当然感觉不习惯；再者您做事总是按照一定的次序，大家刚来摸不到头绪；您写东西的时候很安静，思考的时候会用笔敲桌子，没大事最好不要进来打扰；您闲暇时，会在屋中踱步，这时候请示或者帮您倒杯茶是最恰当的。只要用心几日，掌握好您的习惯就能做好。"

在实际工作中，如果你和别人的习惯、性格有冲突的话，工作肯定不能顺畅，得不到协助。再重要的工作也要对人负责，再小的事情也有做好的余地，只要能够用心观察，注意细节，工作精细，就能做出特色。

这不仅仅对工作有好处，对女孩本身也是有好处的，细致认真的女孩才最美丽，当一个女孩周密细致地思考事情的时候，当她认真于自己的工作和事业的时候，她是最美丽的。而在工作上的用心和细致也会带到生活习惯中去，让自己的生活也处处充满贴心的生趣，处处温馨、处处舒心。精致应该作为女孩的一种工作和生活态度，用心培养。

爱岗敬业，职业女性要学会承担责任

女孩也要有主动担当责任的想法，对于想要成就一番事业的人来说，"负责"是最重要的必修课。责任意识对于男人来说是刻在骨子里的东西，而对于女孩来说，则相对淡薄一点，更多的女孩习惯于推脱责任，让重担落在别人的肩上。但随着时代的发展，挑重担也就意味着被看重，有更广阔的前途，所以女孩也要学会勇担责任，爱岗敬业。

女孩常常对担负责任怀有恐惧感，无非是害怕责任背后的东西：负责更多意味着一种压力，就算不做什么，整天把某件事情放在心上思虑，也很累心；担责任意味着付出更多心血和汗水，付出更多精力，对照顾家庭不利；一旦做不好会受到什么责备，不求有功但求无过；承认错误和担负责任常常和惩罚联系在一起，是吃力不讨好的事。这些恐惧当然不是没有道理，多做多错，不做就没有错，但是一个没有错的人，往往也意味着没有功绩，没有贡献。

另外，你愿意担负的责任越多，你的能力就会越来越大。经过不断的锻炼，你的错误也会越犯越少，犯错是一个人成长的必经途径，负责则是一个人扩大自己能力的入口。再者，勇于承担责任还能显示一个人的高度责任感和使命感，领导会更加看重这样的人。

那些曾说出“国家兴亡，匹夫有责”的人最后往往成为担负国家兴亡大任的人，因为他们的想法就让他们境界更高，眼界更加广阔，更加愿意为了国家民族而努力奋斗，他们最终的收获当然会更大，功绩当然会更高。周总理在当年读书时曾经说过这样一句话：“风声、雨声、读书声，声声入耳；家事、国事、天下事，事事关心。”正是有了这种情怀，有了这种对天下事的关心和对民族危亡的责任感，才催促着他学习奋进，最终成为一个伟大的革命者。

对于女孩来说，多多关心企业的事，多关心自己的事业，勇于承担责任，未尝不是一件好事。女孩对自己的事业多尽一份心，多花费一分精力，自然收获多多，经验、能力上自然能够得到一份增长；自己的努力也会被上司看在眼中，得到赏识；心理上也会为能够承担大任，能够完成一些项目，而充满成就感和满足感；再者，随着负责的事情越多，越大，越重要，眼光自然不可同日而语，心胸和视野也会变得更加广阔，对日后为人处世会有更多好处；再者，在工作上花费的精力多了，自然在其他事

上，计较就会少了，就不会像某些小女孩一样只会斤斤计较于蝇头小利，计较于家庭琐事，境界自然也就高了。

所以女孩也要有敬业心态，将自己的心思多多放在工作上，全心全意做好工作上的事，这就是对自己职业的一种“尊敬”。怎样才算“敬业”呢？孔子曾说：“饱食终日，无所用心，难矣！”“群居终日，言不及义，好行小慧，难矣！”这两种状况都说的是“不敬业”的情况，也就是只懂得饱食终日，而不在应该做的事情上用心，圣人也无可奈何；一天到晚群聚在一起，议论纷纷，言不及义，不及应该做的事情，只彰显自己的小聪明，即使是圣人也无可奈何。

在生活中有很多这样“不敬业”的人，他们工作就是聚在一起聊聊天，喝喝茶，看看报，日子就这样打发过去。还有的人，虽然总是在忙碌，但心思并不在自己正在做的事情上，一边工作，一边想着应该怎样享受生活，虽然也在工作，但是心不在焉，自然在自己的职位上一事无成。

怎样才算敬业呢？朱熹曾说：“主无一适便是敬。”即做一件事，便忠于一件事，一心一意，决不分心、决无旁骛这就是敬。在工作上也要这样，既然负责一件事情，就要把所有精力都放在这件工作上，集中注意力，开动脑筋，调动所有资源，把这件事情做到尽善尽美。既然负责一项工作，就绝不敷衍，负责到底，踏踏实实，认认真真把手头的事情做好。这就是所谓的敬业，不仅仅在于你把多少“时间”放在那里，而在于你把多少精力、多少心思放在工作上。

女孩也要学会勇于担当，勇于负责，兢兢业业对待自己的工作，这就是敬业精神，这样工作的女孩必然被更多人尊重，也必然有不凡的成就。

工作的所有意义在于为梦想打拼

女孩从小也有梦想，工作无疑是一个女孩实现自己梦想的重要平台。女孩为工作打拼收获的不仅仅是一份薪资，还包括成就感，包括实现梦想的激情，是女孩体现自己意义和价值的最重要的一方面。一个人怎样活着才能感觉到人生的生趣，怎样才能在这个世界上留下自己曾经存在过的痕迹？工作无疑是最好的途径。我们通过工作接纳自己，让他人认同我们的价值观，用成就感来慰劳自己，用贡献留下自己独特的足迹，这就是工作对我们来说最重大的意义，薪资只不过是附加价值而已。

很多忙碌了一生的人，在退休后赋闲在家时都会感到一种空虚，这是因为他们突然不知道自己的人生价值通过什么来体现了，不知道自己这样无所事事地活着有什么意义，没有了生活的目标，不知道以后为了什么而奋斗，自然会感到空虚。不要等到失去了才懂得珍惜，工作也一样，当你有能力、有机会、有精力好好工作的时候，就要好好珍惜眼前的工作，等到终于无所事事的时候，也不会后悔自己的青春枉费。

工作对于我们来说意义重大。在工作中，我们的经验不断增长，能力不断加强，与人相处日益和谐，这一切都使我们越来越成熟，而且为此感到心情愉悦。每个女孩想必都有一段调整期，那段没有工作的日子，真的像你想象的那样惬意吗？没有朋友陪伴，人际交往的范围缩小，整天无所事事，饱食终日后不知道自己的目标在哪里，在茫然之中透着一种空虚，生活也不再那么有乐趣。忙碌的工作固然使你疲惫，但不用工作的空虚同样让人无法忍受。

我们工作也不仅仅是为了薪资，还在于它能够带给我们的乐趣和充实感，它能使我们的生命更加厚重，使人生更有价值。当然，我们也会重视薪水的多寡，那不仅仅是因为薪水多少关系着我们的生活质量，还在于薪

水的多少意味着我们的劳动价值、我们的时间价值的大小，意味着我们智慧和能力的价值，怎么可以太少呢？我们当然也在乎职位，职位不仅仅代表着可以掌控的权利，更重要的是我们价值的一种体现，既然人们把职位分为了高低不同，分为了三六九等，并且用它来衡量我们的能力大小、价值高低、资历老少，衡量我们的社会地位，并鼓励我们不断向金字塔的顶部前进，我们怎么可能不在乎？

努力打拼的目标当然不是薪水和职位这么简单，当然更不是理想那么感性，那么工作的收获当然也不可能那么单纯。我们认真经营一份工作或者事业，就收获了一种经历，收获了一种奋斗价值，收获了一种与众不同的人生。在工作中，我们付出的努力，会让我们不断成长，不断增长我们的才干，使我们的个性更加成熟。一项任务可以锻炼我们的意志，促使我们的才能得到发挥；与同事的合作可以使我们的人格得到培养；与客户的交流则能让我们的品性得到训练。一份工作也是一座很好的学校，教给我们很多人生的经验，这是与学习完全不同的一种体验，更乐观的是还有人为我们付薪。这难道不是最大的收获吗？

薪水是工作的附加价值，当然不可能代表工作的全部价值，因为薪水是对现有能力和价值的认可，实现有价值的兑现。我们在乎的可不仅仅是现在，我们工作更大的目的在于这份工作对未来有什么意义，对我们的发展有什么帮助，如果在工作中增长的那些经验，积累的那些能力，能够让我们的未来加倍增值的话，薪水的多寡甚至是可以忽略的。

薪水背后的成长机会，自己从工作中获得的经验和技能，自己因工作获得的成就感，这些往往决定了你未来的发展。如果内心中有自我提升和发展的意识，工作起来就会积极主动很多，简单的工作也会有更多乐趣。最终实现自己的梦想也不会只是一个白日梦，而是完全有可能，完全有这种平台的。

如果只把工作当成赚钱谋生的工具，女孩的一生就只能埋头于赚钱谋生，而没有更好的出路。如果一个人长时间工作只获得了一份薪水而在其他方面没有进步的话，她的人生该多么悲哀。工作是一个平台，是要在这个平台上收获更多经验，更大的发展，收获更广阔的前途，更高的人生价值，更多的快乐，还是仅仅收获一份微薄的薪水，只在于你自己的选择而已。

提升自我，女孩要有强烈的事业心

工作不仅仅是女孩实现自我价值的舞台，同时也是为自己的事业建立基础。女孩只有不断超越自己，提升自我，不断积累经验、增强能力，才有成功的可能，也才能开创自己的事业。

对于有心创业的人来说，工作只是一个自我锻炼的平台，是增长自己的才干和经验最快的一种方法，借助别人的平台来提升自己的能力，结交自己需要的人脉关系，这是多划算的一件事。可学习的东西没有止境，当你把自己提升到一个高度，就会发现自己的视野更加开阔了，前景更加广阔，能够做的事情也更多了，做事的方法和技巧也有了很大改善。

有前辈的指引，有别人经验的指导，才可能走上正确的道路，才可能走得更远，自己摸索不但费时费力，而且可能弄错方向。工作远远不止一个职位、一份薪水那么简单，它可以随着你的不断深入，不断提升自己而为你提供更广阔的舞台。也能够随着你在专业领域的不断深入，而发现一片崭新的天地。有志于开创事业的女孩，应该学会在工作中不断发现机会，不断从自己的领域中找到事业可能的切入点。

当你站在原地的时候，会发现自己的天空只有那么窄，只有当将自己

提升到一个高度，才能发现，原来这片天空也是广阔无垠的，那时候，你还甘心做一只井底之蛙吗？但这一切都只有你掌握了足够多的技能，拥有足够多的经验时，你才会发现。当这些都不够的时候，你的工作就只是一种谋生的手段，眼界是随着学识的丰富而开阔起来的，手段也是随着经验的丰富而多起来的，只有掌握更丰富的学识，人生才有更多的可能。如果能够在一份工作中不断发现它的价值，不断学到新的东西，不断提升和发现自我价值，你就是在为自己将来的事业搭建舞台。

当然不仅仅只是能力和才干，在原本企业中发展的人际关系，结交的贵人，甚至你的老板，你将来的竞争者，都将成为你拥有自己事业最重要的资源。牛根生原本是伊利的一名员工，他1987年进入伊利的时候，只是一名养牛工人，他从基层做起，直到担任了伊利集团生产经营副总裁，就在这期间，拥有了一批“牛总”的拥护者，他从伊利一撤出，伊利就已经有了很大的损失。不管怎样，牛根生在他原来企业中得到的资源，得到的人脉和经验都是不容否认的。

一个人可以飞到怎样的高度，往往与他的起飞平台的高度，与他的起飞角度是有关系的，很少人能够一飞冲天，更多的人起飞的角度只有很小才能飞翔得稳定、安全和长久，从工作的经历中找出自己的起飞点，并不是一项很难以想象的事情。想要拥有自己的事业，拥有更广阔的发展空间，就要学会不断从工作中提升自我，寻找突破点。更要不断充实自己，保持对生活、工作、事业的高度热情。不断提升自我，往往能够让一个人更全面地认识自己，更深刻地挖掘自己的潜力，保持高度的时代感和自信心，还能够帮你认识更多积极上进的女孩。在她们的带动下，你将能感受到一个知识女性紧跟时代的脉搏跳动的力量。她们的独立精神，独立人格，对于事业和生活的热爱将深深地感动和感染你。

职场经验是女孩的一种人生经历，想要在这种经历中获得更多经验，让这段经历更加丰富多彩，就要不断用自己的热情和激情去工作，去丰富自我，这才是一个女孩充实、快乐的最重要法宝。

职场起伏，女孩要有“稳”的心态

职场，起起伏伏、平级互调，甚至明升暗降都是很平常的事，想要在职场上走得稳，最后成为一个大赢家，最重要的心态就是要“稳”。无论处在什么职位，是升还是降，是否有实权，踏踏实实把自己职责范围内的事情做到最好，就赢了。

职场上，当然不是会做事、能干就会最终成为赢家，人际关系和心态当然也很重要，但是如果连分内的事情都做不好，能力低下的话，那么就算你再会为人处世，也不会有多大的成就。企业毕竟是一种以盈利为目的的单位，最终的赢家会是谁，往往取决于谁能够带给企业更多的利益，更多的利润，而不在于谁更会做人。当然协调、平衡这种能力也是不可缺少的，最重要的还是看一个人的综合能力。

因此，如果一个女孩对于调动职位没有一颗平常心的话，就会心不甘情不愿，甚至对应该做的工作也抱着敷衍的态度，就不可能做出多大成就，最后可能就会成为自己成功的阻碍。再者，如果对暂时的“冷遇”不能接受，不断怨天尤人，抱怨连天，也会影响自己和周围人的工作情绪，这样的心态更有可能看在上司眼里，从而落得一个“不踏实”的评价。

职场的起起伏伏是很平常的事，一个人就算做出再大的功绩，也难免在面临调整的时候，暂时被调动到一个“闲职”，而且越是动作大的调整，越是要重用一个人的时候，往往这个人越会面临这样的考验。只有经得起这样的考验，受得起“冷落”，才能受得起“热捧”，才不会在接受

重任时受不得一点挫折。

在职场中，只有宠辱不惊、稳扎稳打才是一个人慢慢成才，终成赢家的最好途径。其实不只职场如此，世界上的事大多如此，宋代大学问家苏轼的父亲苏洵，少有才名，但一直懒懒散散，名声不彰，直到二十八岁才开始发奋做学问，把过去所写的文章全部烧掉，然后经过十多年的闭门苦读，才成为一个大学问家，通六经、百家，下笔千言。成书后，被公卿、士大夫争相传颂。

一个人的成功之路也往往会经历这些历程，少年时往往追求名利，喜欢炫耀，因此做事不免浮躁，爱表现，虽然才华卓著，但终究不太成熟，一旦被“冷落”，还有怀才不遇的困惑，只有到了一定年龄，才能领悟到人生的真谛，往往才会踏实下来做事情，这时候才能“实至名归”，不慕虚名。因此，在一些大企业，中高层的管理人员往往都是那些心智趋于成熟的三十几岁的“老”员工，而很少让新人担任重担，就是这个原因。

因此，在职场上做事，不妨往长远处打算，不要过于计较一时的荣辱得失，首先要扎扎实实做好手边的事情，不骄不躁，不小看任何一件小事，也不因暂时的冷遇而沮丧、灰心，只要不断坚持，就一定能够脱颖而出。

美国著名的企业家查理·施瓦布出生在宾夕法尼亚州的一个山村，小时候生活困苦，只受过几年教育，15岁时，他还是一个刚走出大山的卑微的马夫，但到39岁的时候，他已经一跃成为全美钢铁公司的总经理，从一个马夫到一个总经理，他只走了短短24年。他成功的秘诀就是：每得到一个位置，从不把月薪多少、职务高低放在心里，只注意把新的岗位和过去的比较一番，看看是否有更大的前途，有更广阔的发展前景，只注意学习那些自己没有掌握的能力，他每获得一个职位时，总是以成为其中最优秀者为目标。他从不妄想一步登天，但是工作总充满乐观和自信，做任何事

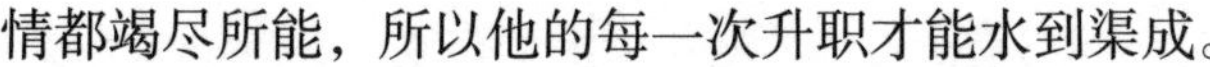

情都竭尽所能，所以他的每一次升职才能水到渠成。

职务的升降只是一种外在表现，可能是上司的故意考验，也有可能只是一种调整，更多可能是因为自己的进步或退步。

只有心态稳定，始终如一，把更多精力用在工作上，相信谁也掩盖不住你的风采。

第10章

社交心态：女孩真心交友受益一生

朋友是女孩最温暖的依靠，人脉是女孩回报最大的投资。在社会交往中，女孩应该怎样对待自己的朋友，自己的同事，那些可能在你生命中扮演“贵人”角色的点头之交；怎样让人相信你的人格，相信你的真诚，感受到你的关切；怎样表现才会让周围人更欢迎你，尊重你；怎样才能拥有更多高质量且关系牢固的朋友。本章就为你解决这些难题，分析在人们天生的戒心面前秉持怎样的心态，才可能得到更多认同，有了这种坦诚而平和的心态，就能拥有更多真诚的朋友。

女孩要用真心关爱身边人

女孩交朋友不仅仅要靠技巧，最主要的还要依靠自己真诚的心。女孩交朋友要比男人更困难，对于男人来说，可能一通酣畅淋漓的醉酒，就足以交到几个好友，一通狂侃就能够得到女孩崇拜的目光。但女孩天生比男人更加敏感和多疑，对同性的防范更严密，而对异性多少带有轻视的色彩。想要得到一个知心好友，必须要经过更长时间的考验，要“日久见人心”才可能真正把对方当成朋友。凡此种种，使女孩的社交更加困难，阻力更大。

唯有用真诚的心去关爱身边的朋友，让他们体会到自己的真挚关怀，逐渐才能走进一个人的内心。真诚的关爱不仅仅是抽空喝杯咖啡，彼此之间谈谈心，而需要长时间付出，需要把对方真正放在心上，不断付出关怀和友爱，友谊才能逐渐建立起来。这样建立的友情虽然艰难，但关系更牢固，更能经得住考验，也更加诚挚。

芳芳是一个活泼热情的女孩，她总是以幽默的口才和热情开朗的态度让周围的人开心，给人们很好的印象。刚刚进入职场就和同事们打成了一片，但不久很多人都主动和她保持了一定距离。因为她有表里不一的习惯，常常在人前赞扬某个人，但背地里却常常诽谤别人；或者人前开口道“有什么事尽管找我帮忙”，当真正需要她帮忙的时候却推三阻四，不肯施以援手。所以，她的身边虽然围着很多人，但是和她真正相交的一个都没有。

建立人脉不仅仅是卖弄交际技巧那么简单，需要你付出真心。市面上教导一个人怎样结交人际关系的书籍数不胜数，但并不是每个女孩都能有足够多的知心好友，对待朋友唯一的秘诀就是“真诚”。用心去关注别人，注意朋友的喜好，有机会送一件她肯定会喜欢的礼物；分出一些精力，关注对方的喜怒，在她烦恼、愤怒、悲伤的时候，送上你善解人意的安慰，当一个好的倾听者；当朋友需要关心和帮助的时候，义不容辞地帮她解决难题；当对方取得了成就，第一时间送上你的祝愿，没有谁会讨厌这样的朋友。

关怀朋友不等于单纯地讨好对方，当你需要对方帮助的时候，不妨也提出来，让对方帮你解决难题。因为友谊就是在相互之间的交往中建立起来的，如果只付出自己的真心，而不让对方有付出她诚心的机会，你就会成为一个“施舍者”和“同情者”，对于这样的朋友，时间长了人们也会厌倦。唯有共患过难，共分享过喜悦，陪伴过对方最平淡的日子，这样的朋友才能称为“朋友”。

把你最坦诚的一面暴露给对方，也要求对方坦诚相待；用真心关心朋友，也要求对方付出真心，不仅仅用语言打动对方，也用行动表现出自己的诚意，才是交朋友的“诀窍”。当然，交情浅的时候，不必言谈过甚，但交情都是一点点积累起来的，坦诚相待，你们的友情才能在交往中逐渐加深。

友情也不是礼物能够衡量的，多抽出时间和朋友聚一聚，谈论一些深一点的话题，比如，彼此间的爱好，对某本书，某部电影的见解，生活中的某些琐事，对某些事情的看法，和朋友伴侣相处的秘诀等，只有你们的观念互相交融，相互理解以后，才能有更深入的了解。多关注对方，而不试探对方的隐私；以诚待之，而不在背后议论，即使批评也要当面进行。

凭借出色的交际手腕和三寸不烂之舌，你只能和很多人成为“泛泛之交”，只有真心付出，深入关切对方，才能走进对方的内心，和对方结交为“知心好友”。

女孩大胆走出去，主动结交朋友

当邻居向你借东西时，必须把彼此的门都打开，才可能实现彼此间的交流。如果一方紧闭大门而要求对方把东西从窗户中递过去的时候，无论是借东西的一方，还是被借的一方，心里可能都不太舒服。感情也是这样，想要敲开对方的心门，就必须先打开自己的心门，只有你是坦诚的，才能要求对方付出真心，如果你紧闭心门，就不要抱怨自己没有朋友。

主动结交朋友的第一步，就需要将自己的心门打开，有结交朋友的意愿，不闭塞，才可能真正拥有朋友。如果一个人的心不能真正敞开，容纳他人，害羞、内向或者自卑，就像患了“自闭症一样”，别人是走不进他的世界的。

每个女孩都有社会交往的需要，每个女孩都希望自己拥有一两个知心好友，只不过因为性格的差异，有的人热情开朗，谈吐从容而且善于察言观色，所以对于社交游刃有余；而有的人则因为天生羞涩或者自卑，拙于辞令，不愿意和别人交流，所以朋友比较少；还有一些人是因为过于自负和自恋，只懂得关注自己的情绪和事情，很少关注他人，对他人没有好奇心和兴趣，自然朋友也就比较少。

所以，社交的第一步，就是打开自己的心门，主动去关注别人。当你希望结交某个人的时候，首先应该让自己对对方产生足够的好奇，比如，猜一猜对方是做什么的，对方在想什么，对方的生活精彩吗，对方有哪些朋友等。只有对对方产生了好奇心，你才会通过各种途径深入了解对方，或者关注对方的一举一动，关注对方的变化，而这种关注通常是能够引起对方注意的。

做一个实验，在餐厅中，找一个人专注地注视对方一分钟，看看对方会不会对你产生兴趣，或者起码将视线转向你。结果是肯定的，对一个人的关注，往往可以引起对方的注意和兴趣，你们之间就建立起了某种交流渠道，即使两个人之间一句话也没说过。这时候去和对方谈起某个话题，往往能够得到对方的热烈响应，你们之间的关系也能够进一步加深。

建立社交的信心。一个人不善社交，往往和自卑有关，如果总是自惭形秽，内心羞涩不安，很难展开话题。一定要解开自己的心结，相信自己一定能够和友好的人结成朋友，才能在交往中灵感频现，言谈也幽默有趣。而紧张、不安、自卑往往会搞砸你的交际，一定要尽量避免以上情绪影响你的社交。

两个人进入交谈以后，一定要注意把话题引向可能深入交谈的方向，而不要回避对方或者敷衍对方，顾左右而言他。一个善于交谈的人，即使是最普通的寒暄也可能引出对方最感兴趣的话题，而一个自我封闭的人，往往会让最有趣的话题变成枯燥的对话。有这样一段对话，足以说明问题。

“你好，今天天气不错。”

“是啊，天气很晴朗。我最喜欢春天了，温度不冷不热，阳光照在人身上，让人懒洋洋的，让人想起人间四月天。”

“你也喜欢林徽因？”

“附庸风雅而已，不过，对于那段韵事，我蛮喜欢的，她的诗也跟她本人一样，极有灵性，而且非常严谨。一般有灵性的诗会有一点狂热，有

点浪漫，很少能够表现出理智和严谨，但她的诗却是这样，大概和她的性格相似。”

“……”

然后两个人就这个话题延伸漫谈下去，可以说出无数的话题，闲聊中彼此间的情感也就建立起来了。

但如果这种对话换种方式进行的话，很可能走向无话可说的地步。

“你好！今天天气不错。”

“是呀，很好。”

“您最近还好？”

“不错。”

“您一般喜欢怎么消磨时光？”

“看看书而已。”

“您一般喜欢看什么书？”

“杂书，都看一点。”

这样的对话，往往越谈越无味，就算一方能够舌灿莲花，对方总是反应平淡，而且敷衍了事或者打某种意义上的“官腔”，谈话就会僵住，话题也不能拓展开，两个人没有交流的欲望，自然也不可能展开交情。

社交是两个人的事，只有自身主动，而对方又配合，社交才能顺利。而一个人能够掌握的，往往只有自己而已，所以首先要克服自己的心理障碍，主动坦诚地和对方进行交流。当对方诉说的时候，一定要认真倾听；当对方询问的时候，要用尽量丰富的语言表达你的观点，可以使得交谈深入下去；当对方属于不善言谈的类型时，应尽量多开拓话题，不要冷场；当然你如果也拙于辞令，希望改善这种状况的时候，应尽量和善于社交的人交往，并观察、学习对方的说话技巧，进步往往更迅速。

最后，交往一定要自然，不要苛求，不要用完成任务的态度，对待一段友情，否则很可能失败。每个人都有希望自己待一段时间，不想被别人打扰的时候，这时候，如果一个人发起谈话，对方往往会表现出兴致缺乏，这种情况下勉强与别人交谈，只能得到别人的敷衍，而且容易引起反感。所以在主动交流的同时必须秉着一颗自然社交的平和心态，才可能得到良好的效果，赢得友情和尊重。

看到他人的优点，用欣赏的心态与人交往

懂得欣赏他人的人会有最多的朋友，玫瑰花虽然有刺，但同时也很漂亮，如果只看到它的刺，就会畏而远之，如果能够欣赏到它漂亮的姿态、芬芳的气味，就很容易喜欢上它。对于人也是一样的，如果始终从好的一面去看一个人，抱着欣赏的态度去看待他人，那个人就会变得赏心悦目、性情可爱、更合你的眼缘，你就越容易跟对方交往，你的人际关系也会变得和谐。

美国著名心理学家威廉·詹姆斯曾经说过："人类本质中最殷切的需求就是渴望被肯定。"在与人交往中也可以发现，每个人都很需要别人的赞美和欣赏，希望得到别人的肯定。就算最简单地夸奖一个女孩的衣服漂亮，也可以让她的心情迅速好起来；就算最简单地羡慕一下男人的能干，也会让他立刻对你充满好感。可见含蓄而不露骨的恭维话会让对方的内心更熨帖，对你的好感大增。真诚恰当的赞美更有利于改善女孩的人际关系。赞赏是女孩最基本的礼仪，像化妆一样平常而能够引起人们的欣悦之情。

赞赏不仅仅是对他人有利的一种行为，对自己更是有很多好处，一个人如果总抱着欣赏的态度和他人交往，就会发现自己的心情总是愉悦的；

而对方更是可以从你的赞赏中得到温情和鼓励，得到对自我的肯定，也会更加喜欢与你交往。从这个意义上来讲，赞美别人，也是在肯定你自己。当你用一种豁达的心态、欣赏的目光去肯定别人，你的人生境界会因此而得到提升，你会发现生活中有很多美好的东西值得你去欣赏、赞美，不仅仅是人，你的小宠物、有着美妙歌声的鸟儿、大自然中的一切都是那么值得欣赏和赞美，世界就在你眼中变美了。你的人格、你的人生境界就会因此而得到大的提升，对别人赞美的同时，你也获得了更多的力量。

真心的赞赏不仅仅在赞美他人，还在于真心诚意的欣赏，赞美一个人很简单，只要找到别人的优点，用有技巧的言辞含蓄地恭维就足够了，而欣赏则出自一个人的内心，如果赞美不是真心的，没有真正欣赏一个人的优点，那么迟早会被人觉察，更会被有心人认为是阿谀奉承、溜须拍马，也就破坏了自己的形象。

用赞赏的心态与人交往的关键在于真心地发现对方的优点，并给予语言上的赞美。当然，不仅仅是语言，一个人的神态、动作、眼神都能够将这一信息传递给另一个人，引起另一个人的好感。

每个人都有不足，每个人也都有特长，既然这样，找到一个人的优点，并赞赏对方就不是一件困难的事。多多赞赏别人身上的闪光点，尤其是你看到的并不为众人熟知的闪光点，往往能够产生出人意料的效果。这些都是技巧的问题，最重要的是，你要有一颗欣赏他人的心。

只要关注他人的行为，自然能够找到他人的优点，尤其是自己身上不具备的优点，并虚心向别人学习，就是一个人最好的赞赏态度。在交往之初，你是被对方的哪种特质所吸引，后来你又在对方的身上看到了哪种让你愿意与其长久交往的特质？只要留心，就能发现自己内心深处在哪些方面是对对方有好感的，是佩服对方的，把这些佩服讲给对方，就是最好的赞赏。

懂得欣赏周围的人，才能让更多人欣赏你，懂得尊重周围的人，才能让更多的人尊重你，人际交往没有更多的诀窍，只有真心对待和赞赏别人而已。

宽容待人，大度的女人更可爱

能够包容别人的缺点，女孩才能在社交中如鱼得水，更受欢迎。每个人都有自己的缺陷，只要你能够包容对方的缺点，只要对方不触及你的“逆鳞”，就尽可能将对方看作你的“候补朋友”；而如果对方又有结识的意愿，你们就极可能成为好朋友。

对于“朋友”不要过于苛刻，尤其是“社交场合中的朋友”“利害之友”“酒肉朋友”。知音固然重要，但每个人的生活中都缺少不了一些“利害之交”，这样的点头之交也许不能够在你烦闷时替你解忧，和你志趣相投，但是在你有某种小麻烦时，或者办事情时，有这样一个“熟人”相帮，事情就会顺利很多。对于这样的“熟人”，实在没有必要苛责，对于他们的某些性情、习惯上的缺点，只要没有触及原则性问题，没有令你不能忍受，就没有必要计较，更没有必要批评和指责。对你们之间的交情，也要看得淡一些，有些忙别人帮是看面子，不帮是理所应当，不苛求，才能和这些朋友更好地相处。

在和朋友的交往过程中，也要学会宽容，相处比择友更加重要，择友时要谨慎，避免交到奸佞小人，浪费感情。和朋友之间相处，一旦肯定对方坦诚无伪、真挚友爱，和自己性情相投，就要珍惜友情，不要因为小小的分歧而疏远对方，因为小小的争吵而漠视友情。有时候不妨睁一只眼闭一只眼，才能维持友情的长久。

金无足赤，人无完人，每个人都有自己的短处和缺陷，容不得别人的短处就难以共事，难以顺利交往，对于你不能理解的行为、做事方法，你可以不苟同，但一定要尊重对方，可以说出你的意见，但对方不一定要采纳。这就是一种宽容，除了能容人之短，还要能够容人之长，看到别人的长处和才华，心生嫉妒，百般诋毁，想方设法地压制，不仅仅让朋友寒心，还降低了自己的人格。在交往中，对方若有无意冒犯，不妨豁达一笑；如果有自己看不惯的事情，不妨站在对方的立场上换位思考一下；遇到和自己想法不一样的人，要尊重对方的意见，这就是宽容。宽容了别人也是放过了自己，不和别人计较，不纠结于无关紧要的小节，而寻找自己能够感到快乐的事情，就是人生的另一个出口。仇视别人、不原谅别人，你自己往往也会感到难过，愤怒，就等于用别人的错误来惩罚自己，

宽容并不是软弱可欺，如果有人故意冒犯诋毁你，不妨义正辞严地斥责对方，不妨幽默地反唇相讥，维护自己的尊严和形象，这和宽容是完全不悖逆的。宽容就是容忍对方在你原则内的错误，尊重对方的习惯和习俗，不以自己的好恶来要求别人，不以自己的规范而规范别人。这一点，每一个成功的女孩都必须做到。

曾经的美国第一夫人埃莉诺·罗斯福是女孩们社交中的典范，她讨厌女孩吸烟，却开创先例为前来白宫的女客人饭后点烟；她朴素不重视打扮，却不对时髦的人表示反感；她从不因自己的好恶来要求别人，总是以开朗、超然的作风赢得人们的喜爱，她周围的人也总是能感觉到她的亲切和友好。

每个人都有自己的一套行为准则，不用自己的准则去要求别人是很难的，很多人都有这样的感受，当朋友处理某件事的时候，内心会不由自主地排斥："他怎么能这样做呢？"尤其女孩更喜欢把自己的意志强加于人，这样肯定会让朋友难堪。女孩要能够超然物外，以客观、超然的态度

看待别人的习惯和风俗，看待别人的性格，这样才能使人们之间的关系更融洽，和不同性格的人成为朋友。

大度的女孩能够让自己焕发光彩。对于一个心胸宽广的女孩，男人会更加重视她。这种女孩往往异性朋友较多，在社交中更受欢迎，人脉更广，也就更易于成功。

女孩懂得忍耐，为自己拓宽人生路

无论哪段人际关系都会出现矛盾和裂缝，小的诸如生生闷气，大的诸如争吵甚至断交。生活中不时会出现各种意外，也会出现各种不同的考验，朋友之间少不了有共同的追求，当机会只有一个的时候，当前途和利益出现冲突的时候，谁能保证你们的关系不会受到冲击和考验呢？谁能保证你们一生都不会出现物质上或精神上的矛盾和冲突呢？

在这种考验面前，最重要的就是要学会忍耐，学会控制自己的情绪，这样才能为自己开辟更宽阔的道路。一点亏不吃，睚眦必报的人往往会树立更多的敌人，但二话不说，就退缩宽容忍让，不仅仅让对方轻视你，还会在其内心深处留下芥蒂。只有争执过，而又和好宽容过的友情才是真正值得两个人怀念的，也是最值得尊敬的。

既然每一份友谊都需要真诚地去追求，要花费时间、诚心和耐心，那么人际关系的维持肯定也是需要一定耐力的。这种“忍耐”包含着两种含义：一是要有耐力，无论是结交还是维持友情，都是一个长期的过程，如果没有耐力，几次交谈没有进步就开始疏远，别人就会怀疑你的诚意，而如果一旦距离和时间长了，就把旧友抛到脑后，更是让人心寒，这样凉薄的人，是很难拥有真心的朋友的。第二层含义是要学会容忍，每个人都免

不了犯错，越是要好的朋友越容易彼此苛责，容忍就是要学会给别人第二次机会，即便有了一次背叛和冒犯，也不要从此一刀两断，而要怀着着眼于未来的心态，给对方缓和双方关系的机会，更加有利于双方合作，也有利于友情的长久。

这两层含义一层都不可以疏忽，因为友情就是在各种各样的考验中结成的，任何人都不能平白得到任何东西，只有付出才可能真正收获。如果没有付出耐心，就只能和周围人都结成泛泛之交，朋友再多，到真正用的时候，就会感到不便和齿冷。如果没有容忍心，一遇到矛盾或者发现对方的缺点，就考虑断交或者疏远对方，就会把朋友越推越远，更甚者睚眦必报、斤斤计较、因小事而长久不能释怀，也不可能拥有长久而牢固的友情。

懂得忍耐，不仅是给别人留机会，也是给自己留余地。有时候，你也会短视，会无意间冒犯他人，甚至是自己的好朋友，既然自己是值得原谅的，那么朋友也是，唯有容忍和体谅才能使得友谊长存。马克思曾经说过："友谊需要用忠诚去播种，用热情去灌溉，用原则去培养，用谅解去护理。"

他之所以能够说出这样有深刻体会的话，是因为他的友谊也经历了谅解的考验，幸而老朋友恩格斯的宽容，才使得这段友谊持续了下来。恩格斯的妻子玛丽去世的时候，恩格斯悲痛异常，在给马克思的信中写道："我无法向你说出我现在的心情，这个可怜的姑娘是以她的整个心灵爱着我的。"但是第二天，马克思回给恩格斯的信中却只有一句非常平淡的慰问，还不合时宜地说了自己的一堆困境：肉商、面包商即将停止赊账给他，房租和孩子的学费又逼得他喘不过气来，孩子上街没有鞋子和衣服，"一句话，魔鬼找上门了……"被生活的困境折磨着的马克思，忘却了、忽略了对朋友不幸的关切。

收到老友这样的一封信，恩格斯非常生气，不仅长时间没有回复，在复信时还写道："自然明白，这次我自己的不幸和你对此的冷冰冰的态度，使我完全不可能早些给你回信。我的一切朋友，包括相识的庸人在内，在这种使我极其悲痛的时刻对我表示的同情和友谊，都超出了我的预料。而你却认为这个时刻正是表现你那冷静的思维方式的卓越性的时机。那就悉听尊便吧！"

马克思对这件事做了认真的自我批评，他写信给恩格斯说："从我这方面说，给你写那封信是个大错，信一发出我就后悔了。早上我收到你的信时，极其震惊，就像自己最亲近的人去世一样。但晚上我给你写信的时候，却处在完全绝望的状态……"当然出于对于朋友的信赖和了解，恩格斯很快原谅了他，并在信中写道："我感到高兴的是，我没有在失去玛丽的同时再失去自己最老的和最好的朋友。"并且随信寄去一张100英镑的期票，以帮助马克思渡过难关。

两个人之所以能够维持长久的友谊，不仅仅在于对彼此的了解和信任，还在于恩格斯的宽宏大量，他用自己的肚量和耐力容忍了马克思的各种缺点，才最终使得这段友谊持续下去。现实中的友谊也会经过种种考验，只有懂得忍耐，懂得控制自己的情绪，理智处理矛盾，才能为彼此开辟更加宽阔的人生道路。

知恩图报，女孩要懂得回馈他人

懂得回馈是社交的常识。现代社会竞争虽然残酷，人们之间的关系虽然日益利益化，但毕竟还是一个人情社会，最讲究礼尚往来，"你敬我一尺，我敬你一丈"，这样才能让自己的路走得越来越远，才能在人际关系

上更加融洽，更有利于拓展自己的人脉。

无论是在工作中，还是在日常生活中，我们难免欠下许多“人情债”，谁没有困难的时候？谁不需要别人的帮助？这种时候往往才是一个人最能检验和加深朋友感情的时候。那些平日里和你称兄道弟，一旦遇上朋友危难躲得比谁都快的朋友是不值得交往的；那些平时总一副豪爽样，拍着你的肩膀“有困难说话”，而到时却推三阻四的人，更是要提防；有些人平时一副豪爽样，遇到事的时候却二话不说，立刻竭尽全力，有钱帮钱，有人情帮人情的人，才是真正值得交往的好朋友。

这世界上多利益朋友，少急公好义的朋友。平时的时候，不妨请有交情的同事、邻居、点头之交帮个小忙，毕竟，人情就是在来往中逐渐加深的，山不来就我，我就去就山，欠人一份人情，有时候也能成就一份友情。但是在欠人情之后，一定要懂得及时、适度地回馈。别人帮了你一个小忙，你欠了一份小人情，不妨请对方吃顿饭，送对方一份礼物，这种回馈讲究的是要及时，要适度。别人帮你打了一份文件，你请人家吃一顿几千元的法国大餐，估计人家还要以为你别有居心。而如果长时间不回馈别人，别人肯定会计较，而且，这种小忙容易被自己忘掉，反而不好。

如果别人在你遇到困难的时候帮了你一个大忙，这样的人情回馈，反而不用着急，因为这是用礼物或者“心意”无法回馈的，而能够帮你大忙的人，肯定也不会在乎你的“回馈”，对方只不过是抱着一份善良、同情的心态去帮你。这种回馈最重要的是要瞅准机会，只有对方遇到非常大的难题，而自己有余力帮忙的时候，或者有非常大的利益带给对方的时候，进行人情回馈，才会显示这份回馈的重量，显示你人格的高贵。古时候常有为了“一饭之恩”而以身报之的刺客、侠士，往往就属于这种状况。

当然还要找准别人需要什么样的“回馈”，才能让你的这份感激变得更加诚心诚意，更显示你的善解人意，增加朋友间的感情，这就是“回馈”的技术问题了。曾经看过一个小故事，一个知青下乡的时候，送给了一个农民几斤从城里带来的肉干，这个农民小心翼翼抱回去，给他重病的老婆炖肉汤喝，这份感激他一直记在心上，却没有回报的资本。后来，下乡青年们可以回城了，而且可以考大学了，这位憨厚的农民白天做自己的一份工，晚上再帮那个知青做他的工，以便知青能腾出更多的时间来复习资料。后来，当知青的复习资料被偷走时，又是这个老农借了马车拉着那个知青追回重要的复习资料，这样的“报恩”，让那个知青终生难忘，和那个农民保持了多年的联络和感情。

这份真挚的友情，格外令人动容，最重要的原因，还是他们都选择了让对方最动容的方式来帮助和回馈他人，所以更能引发别人内心的感情。

总之，任何时候都不要把别人的帮助当成是应该的，学会感恩、学会回报别人，才能够引起人们的好感。女孩学会知恩图报，不仅仅是社交的需要，更是一个人高贵品格的体现。英国谚语有云：“忘恩比之说谎、虚荣、饶舌、酗酒或其他存在于脆弱的人心中的恶德还要厉害。”可见忘记别人的恩惠是怎样的恶行。而一个人懂得感恩，懂得人情回馈，不仅仅会得到别人的好感，增进朋友间的感情，还会从回馈中不断收获诸如高尚、谦逊等评价。这种评价对一个人的人生和名誉是非常重要的。

在交往中一定要处处留心，不忘帮助他人，不忘他人的恩惠，勤于人情往返，才能让自己的路越来越宽广，朋友越来越多。

把握原则，聪明女孩与人交往有分寸

《庄子》一书中有这样一句话：“君子之交淡如水，小人之交甘若醴。”意思是说，君子之间的交往都是自然随缘的，知心而平淡如水，既

珍惜缘分，珍惜彼此间的情谊；君子之间不会强人所难，勉强与自己不合的人交往，勉强与不想结交自己的人交往。

聪明的女孩在社交中也应该遵循这些原则，自尊自爱，既不过于露骨地逢迎谄媚，巴结他人，也不要自命清高，不屑于与人交往。用坦率的态度，和每一个人交往，才能赢得真正的友谊和尊重。

社会交往是人类基于某种共同点之上的相互靠近，比如，酒肉之交是基于吃吃喝喝上的朋友；利害之交是基于利益上互惠互利的朋友；道义之交则是基于某种品格上的一致，相互欣赏所结交的朋友；同志则是基于信仰一致，人生观与价值观都相似的朋友；生死之交则是抛弃了时间、金钱、健康、甚至感情，齐心协力共存亡的朋友。人生在世，每一类朋友都会有一些，只要在你们之间的共同点上是相似的，就不用过于苛责。但是无论哪类朋友，都必须遵循以下的交往原则，友情才能源远流长。

首先，朋友之间必须平等，这是最基本的。就算是酒肉之交，如果在经济上面不平等，比如，你请客吃海参鲍鱼，我请客吃花生米，人家出螃蟹我出醋，这友情估计也维持不下去。所以，友情一定要建立在平等的基础上，这种平等不仅仅是经济地位上的平等，更重要的是心态上的平等，尤其是那种知心好友更要重视精神层面的平等。事实上，人与人之间是没有真正的平等的，只要和对方在“共同点”上是平等的，就忘记那些差异又如何？“忘年之交”就是忘记了年龄上的不平等，那也不妨结交几个忘记身份、角色、地位、财富差异的朋友，只要能够在“共同领域”有共同语言就可以结交为朋友。

当然对方也要平等待你，如果对方从经济、地位或者精神上蔑视你，态度上不尊重你，那就不妨放弃这个朋友。但是，如果因为自卑心态而引发你态度上的问题，应该从自身方面找原因，否则你的社交就会一直不顺利。

朋友之间要相互尊重，尊重对方的爱好、习惯、观点，这一点至关重要。最好的朋友之间也有很多差异，不可能随时保持一致，谁也不能强迫别人的意志，容纳朋友与你之间的差异，这样才可能维持友谊的长久。如果不能容忍对方的选择或者观念、信仰，就不如结束这段友谊。

嵇康是魏晋时代“竹林七贤”之一，曾经在三国中的魏国为官，在当时是非常出名的“名士”。司马氏取代魏国以后，他的朋友山涛推荐嵇康代替自己的职位，嵇康因为不想出仕为司马氏效命，认为朋友和自己在政见上出现了分歧，为了避免更多的尴尬，不让双方过于难堪，于是写下了《与山巨源绝交书》。他并没有嘲讽和侮辱对方（这在魏晋时代是很平常的），而是选择了这样一种方式“道不同不与为谋”，这也是对朋友的一种尊重。既然容不下对方的信念，为什么不解脱彼此呢?

随缘而不要执着，有两方面的意思，交朋友时要随缘，顺其自然，尽量和有共同兴趣、类似的价值观和人生观、接近自己生活圈的人交往，而不要勉强。不要勉强别人成为你的朋友，不要勉强进入别人的生活圈、社交圈，和性格不合，地位相差悬殊的朋友相处是非常困难的，不讨好的。无论是接受别人施舍的友情还是施舍给别人友情，都会让友谊变质，让彼此难堪。

另一方面，一个人可能有很多朋友，不要奢望与自己的那些朋友都相处甚欢。朋友之间应保持独立而平等的关系。青蛙是两栖动物，它和小鱼可以一起游泳，它和蟋蟀可以一起唱歌，难道，鱼和蟋蟀可以共处吗？我们每个人都是“两栖”甚至“多栖”动物，我们的朋友不可能像我们想象得那样投缘。如果一厢情愿地希望朋友间能够友好相处，以自我为中心，很可能会失去这些朋友。仔细想一想，你是否也不理解或者不喜欢朋友的某些朋友呢?

朋友之间，最高的境界莫过于“相视而笑，莫逆于心”，这样的知心

好友并不容易得到，而彼此都将对方看作“莫逆之交”，更是难得，需要天大的缘分。只有在交往中遵循以上这些原则，自尊自爱，独立平等，才可能得到真正的友情。

表达同理心，理解他人

人际关系的和谐关键在于两个交往的人彼此的心态，如果两个人都能够从对方的角度考虑事情，用善意去理解他人的行为，肯定就能“你好我好大家好”，如果一方始终用猜疑的心态去对待别人的行为，揣着最大的恶意去理解别人，别人一个简单的行为动作，也能引起你无数的猜疑，再反馈到别人的眼里就会产生无数误会纠葛，两个人的友谊也就不长了。

人是三分理智，七分感情的动物。人际关系从本质上来说就是一种善意的关系，想要结交一个人，这个念头本来就持着一种“善”的念头：希望两个人的关系能够更好，能够拉近。那么在结交的过程中释放自己的善意并且用善心去理解他人不是理所应当的吗？“女为悦己者容，士为知己者死。”只有当你悦纳一个人，理解一个人，信任一个人的时候，对方才可能给你更多的回馈。

从这个意义上来说，你怎样对待别人，别人就会怎样对待你，社会心理学家霍斯曼也认为：人与人之间的交往本质上是一种交换，而这种交换跟市场上的商品交换所遵循的那些交换原则是一样的，互惠互利，只有一个人友好对待对方，才能得到他人的友好，只有彼此都友好坦诚，善解人意，才有利于人际关系的发展。也就是“给予就会被给予，剥夺就会被剥夺。信任就会被信任，怀疑就会被怀疑。爱就会被爱，恨就会被恨”。

曾听过这样一个小故事：一个人去自驾旅游，路过一个加油站，于是向加油站的职员闲聊并打探前面镇子上的人怎样，职员反问他："您以前住的镇子怎样呢？"当得知他的答案是糟透了的时候，职员回答他："我们这个镇子上的人也一样。"不久，又来了第二个驾车者，询问了同样的问题，驾车员回答他："我们镇子的人很友好。"于是这个职员回答："我们这个镇子的人完全一样。"

其实人与人、镇子与镇子之间人的善恶能够有多大区别？区别不过在于你的感受罢了，当你与自己周围人处得"很糟糕"的时候，与更多的人相处也只能"很糟糕"，除非你改掉自己的坏习惯、臭脾气，否则只能到处树敌。只有摒弃自己的恶意，用善意去理解他人，热情悉心地对待他人，你才能得到别人热情悉心的对待，才能在每一个地方都留下"很友好"的印象。

一个人想要拓展自己的人际关系，想要和周围人都和谐相处，就要最大程度地释放出自己的善意，通俗地说就是要热情对待别人。你热情对待别人，"伸手不打笑脸人"，大多数的人还是会回馈给你更多的热情和友好的。

当然，和谐的人际关系还要用心去经营，为什么是"悉心"而不是"细心"呢？强调的就是一定要尽心，要全心全意，一定要持之以恒，有耐力。人有快热型有慢热型，有的人交谈三分钟就认定你是他的朋友，而有的人和你相处一年还是会维持自己的戒心，保持冷淡和疏远，不是一时的热情能够化解的，这就需要慢慢用心地去了解对方，真诚关怀对方，才能使对方解除警戒心理，真正走入对方的内心。而这样的朋友，一旦真正走进他的内心，他就会用自己的全部忠诚和真实对待你。

当你真心想要结交一个朋友的时候，就不仅仅要热情亲切，还要用自己的诚心去感动对方，用自己的关切来温暖对方，用自己的善意来理解对方，这样才能全方位地了解对方，对方也才能全方位地了解你，更有利于

友情的建立。很多人对别人一知半解，甚至仅仅是只言片语，就笃定对方的性格，甚至彼此称兄道弟，就过于唐突了，尤其在有精神洁癖的人眼里更加不堪。

你可以热心交往，但一定不要让对方觉得你是很随意的，当持久的热切换不来别人的友情的时候，你要学会矜持，不要自取其辱。总之，热情也要有度，善意也要有分寸，这才是经营人际关系最高的境界。

第 11 章
拥抱生活：平凡女孩也能让生活演绎精彩人生

每个女孩都是凡人，每个平凡的女孩都能够创造奇迹，怎样让平淡的生活变得多姿多彩，情趣盎然？“美”存在于平凡生活的每一个角落，那些伟大的画家、作家、艺术家不过是感受到了生活中的美，并能详细描述出来的人。想让自己的生活美丽多姿起来，就要具备这种感受力和描述能力，感受力让你感知幸福，描述力让身边的人感染你的幸福。只要你善良、敏感、宽容，有一颗享受生活的精细之心，就能够在生活中不断注入活力和精彩，就能够享受饱满、生趣盎然的生活。

善良是女孩最珍贵的品质

心理学家马修·杰波博士说："快乐纯粹是内发的，它的产生不是由于事物，而是由于不受环境拘束的个人举动所产生的观念、思想与态度。"所以用善意去揣度他人，你眼中的大部分人就都是善良的，你的生活就是美好的；而以"恶毒""邪恶"的心去揣度他人，周围的人就都别有用心，刻薄恶毒，生活也往往一团黑暗。你眼中的生活往往是你内心的写照，心态平和了，生活就平凡美满了；心态乐观了，生活就绚丽缤纷了；心态豁达了，生活就充满幸福了。

拥有善良的心，看什么都美，听什么都悦耳，做什么都兴致勃勃。当你高兴的时候，兴致高昂的时候，是不是周围的人都显得那么热情友好？就算平时讨厌的人也顺眼起来了？而当你心情低落，烦闷的时候，是不是看什么都郁闷，周围的一切都那么不顺眼，甚至鸡蛋里也能挑出骨头来？每个人都有愉悦的时候，也都有心情不好的时候，所以生活在每一刻都是不同的。想要自己的生活快乐、美满，就要有一颗知足的心，有一颗善良、美丽的心灵，有一颗时刻能够发现生活中的美妙的慧眼。

宋代大文豪苏轼，和佛印禅师关系友好，常常在一起谈诗论道。有一天他和佛印在一起谈论禅理，佛印问道："你看我像什么？"苏东坡顺口答道："我看你像一坨屎。"然后得意扬扬地问佛印："你看我像什么？”佛印叹息一声：“我看你像一尊金佛。”苏轼闻之飘飘然，于是跑回家向苏小妹吹嘘自己如何一句话噎住了佛印禅师。苏小妹听后摇着头，大笑道：“禅语讲究‘我眼照我心’，你境界低了。佛印心中有佛，看万物都是佛。你心中有屎，所以看别人也都是一坨屎。”苏轼听后羞愧难当。

生活就是这样，你心中有什么，你眼中的生活就是怎样的，然后你的生活就会变成那个样子。萧伯纳曾说：“如果我们感到可怜，很可能会一直可怜下去。”所以让生活变得丰富多彩，无限快乐的唯一方法就是让自己的内心丰富起来，让内心真正善良美丽起来。

做到这一点并不困难，无论遇到什么事，永远从好的一面去看，用一颗善良的心去理解，就能够发现事情有利的一面，也就能看到生活美好的一面。有这样一个童话，一个乡下农夫，用自己健壮的马换了一头奶牛，农妇听了，笑嘻嘻地说：“太好了，感谢上帝，我们有牛奶了，还有黄油和干酪，换的太好了！”接着，农夫又用奶牛换了一只羊，妻子快乐地说：“你考虑得太周到了，这样我们可以喝羊奶，有羊奶酪，还可以穿羊毛袜子和羊毛睡衣，奶牛是拿不出这些来的。”后来，农夫又用这只羊换了一只鹅，妻子大叫道:“这真是个好想法，我们马丁节有烤鹅吃了！”农夫又把这只鹅换成了一只母鸡，妻子快乐地说道:“母鸡太好了，母鸡会下蛋，还能孵小鸡，我们就会有鸡场了。”就这样，虽然他们总是在走下坡路，但他们总是那么乐观，永远从最好的方向去理解事情，于是他们得到了和农夫打赌的绅士的满满一袋金币。

用善意去看待别人的行为，从好的方向去理解别人的话，就能够发现周围的一切人都是善良友好的，都是你的朋友。如果总对别人充满敌意，敌视对方，你会发现周围都是你的敌人。生活是一面镜子，你对它笑，生活也会对你笑；你对它哭，它也会对你哭。当你总是看到自己心满意足的

那一面，看到生活中充满愉快，充满希望的那一面，你就会永远去追求光明和希望，追求自己的梦想，这样就算不能实现，你的内心也是充满快乐的。

事情永远都是有两面的，如果只能看到它“祸”的一面，你就永远生活在悲伤、哀叹当中，怨天尤人，自怨自艾，成为一个永远可怜的“可怜人”。如果你能够看到它“福”的一面，就会努力去追求，努力去改变现状，生活自然也就变得充满光明起来了。相信生活会越来越美好快乐的，相信世界永远是美好的，正是这样的观念在推动着我们文明的进步。这就是幸福生活的原动力，有了这样的心态，平凡的生活也会越变越美好，越丰富多彩。

积极奋进，女孩要创造美好生活

幸福不仅仅是安然宁静的生活，更要有追求，有前进的动力，有前途、有目标的生活往往更能够催人奋进，女孩往往也更能够从追求和奋进中体会到生活的乐趣。更多的女孩不喜欢平静的生活，她们更喜欢生活中有一些意外，有一些惊喜，有一些值得追求的东西。三点一线、沉闷无聊的生活是她们讨厌的，女孩们认为生活不应该是一潭死水；而应该是常有一些波动，应该是一条潺潺的小溪，虽然缓慢，但总有向前的目标。

所以女孩也要学会争取，不仅仅是知足，知足固然能够常乐，积极争取也能够让我们体会一种奋斗和追求的快乐，尝到一种拥有的充实和满足。每个人都要有一点现实中看得到的东西，才能够从中得到安慰，得到自信。并不是一个人有能力、有爱就会真正感到自信和满足，这种现实的东西可能是自己的事业，可能是一份工作，可能是金钱，可能是房子，可能是自己的孩子，可能是一个家，可能是自己的故乡。总之，有一种属于自己的东西，就会格外地踏实，格外安心。归根结底，没有人是强大不可摧毁的，总要有一点寄托，才能感觉到安全。

古人总有“叶落归根”的情结，现代人对于“故乡”的执着减少了很多，因此更会怀念可以带给自己温情、寄托自己精神的东西，如果没有，起码要在物质上使自己不至于匮乏。女孩寄情于事业，只不过想在年轻的时候，留下一点自己曾经生活过、奋斗过的痕迹，也许不过拼命一两年，但那种奋斗的激情，追求理想的热情让人永远都不能忘怀，让人上瘾，忘不掉，戒不掉。

很多女孩可能都有一段这样的疯狂岁月，像三毛一样，流浪在沙漠里或者人海中，随风而起，自由而狷狂，激情四射。这样的生活一辈子都不可能忘掉，有人一生留恋这样生活的魅力，于是一生都在奋斗，也一生都在享受奋斗的乐趣，享受工作的激情。

吴美莲是连任四届的伦敦地方议会议员，经常在大型的工作场合讲话，在整个华人地区是参政最早、最久、最成功的一位女性。她五十岁仍然未婚，但仍然享受着生命的激情和工作的乐趣，她曾经在一次讲话时公开说道：“在开会还是约会之间我选择了开会。”我们也许不清楚一个五十岁未婚的女孩是用怎样的心态来讲这句话的，可以肯定的是，她一定对自己充满了自信，一定对她的工作充满了热爱和激情，那里肯定藏着她年轻时候的梦想。

为梦想争取和奋斗是最美好的一件事，从那里你也可以感觉到源源不断的幸福，不过在于自己的抉择而已。女孩不仅仅有家庭，也不仅仅是为了家庭，女孩也要学会争取，为自己的梦想争取。争取时间，争取独立，争取有自己的尊严和寄托，争取拥有更美好、更舒适的生活。

梦想或者事业对你意味着什么呢？它在你的生命中占有什么价值，代表着怎样的意义呢？它代表着我们的生命意义的一种寄托，代表了我们对生活的所有热情，代表了我们能够同男人站在一个平等的位置上，代表了一个女孩的尊严。为梦想而奋斗，热情投入地工作，说明我们还年轻，说明我们还有希望和未来。

爱情、工作、生活其实都是我们能够掌握的，起码我们能够掌握其中的一部分，我们能做好的就是运用自己所有的智慧去追求，为美好的未来生活而奋进，其他的就只好交给命运。没有人可以不相信命运，没有迟一点，也没有早一点，我们来到这世界上，也许不过是一场意外，也许就这样走着走着，突然发现，生命已经到了尽头，命运这个玄妙的东西，掌握在我们人类手中的只有其中很小的一部分。

地球一点小小的改变，我们就会感到冷热；一个小小的震动，我们就能够失去生命，但对所有的生物来说，我们毕竟还可以掌握一部分，我们没有皮毛可以保暖，但我们可以制造衣物，可以建造房屋，还可以发明多种保暖设备，我们甚至可以监视和预测星球的移动，我们可以让自己生活的每一秒都变得更加舒适，这就是人类伟大的地方。

这一切都是整个群体努力的结果，我们难道不需要为自己能享受到更好的生活而努力吗？我们不需要为掌握自己的命运，为生活更加美好而进取吗？要知道只有这样努力和进取过，才能证明我们在这个星球存在过，才能够实现我们生命的价值。

内外兼修，女孩别不修边幅

爱美之心人皆有之，只有学会爱美、赏美，生活中才有无限美好，只有注重修饰自己的外表和内心，内外兼修，才能变得优雅高贵、有气质，生活才能无限美好起来。即使生活陷在无限困苦当中，也不应该丢掉自己的爱美之心，保持整洁的仪容、得体的妆容，可以让生活中的一切都美好起来。

曾经看过一篇文章，记述了一位记者为贫困者送救济的故事。当他们走进那些屋子阴暗，布满尘土的家庭，看到露出棉絮的被褥，补了还漏的脸盆时，心中很抑郁。但当他们走进另一家贫困家庭时，却看到了这家的希望，尽管他们家因男主人病逝，孩子有残疾而十分贫困，但他们家窗明几净，油盐罐擦得发亮，孩子的教科书都在书架上摆得非常整齐，女主人的笑容和她的屋子一样明朗。这一切都让记者对他们的生活前景生出了无限美好的期盼，因为“他们虽然贫困，却不潦倒”。

潦倒是一种精神上的贫困、贫乏，如果不想被生活击垮，如果想要自己的生活保持美好，就要让自己的仪容、服饰、家居、修养等都保持美好，保持洁净。外表的洁净美好，能够激发一个人内心的幸福感。这是一种微妙的感觉，当你看到一个仪容整洁的女孩，会从心底生出一种赞赏和愉悦，而看到一个蓬头垢面的女孩，厌烦不悦会油然而生。当你穿上洗得干干净净，熨得平平整整的衣服，内心也会感觉愉悦起来，而且为了保持服饰的整洁干净，会自觉地让动作利落、优雅起来。而在温馨明亮的屋子里居住，内心会不自觉地有一种生机和愉悦，心态也会乐观起来。这就是美的外表带来的内心的愉悦和畅快，一个爱美的女孩是每个女孩讨好自己的第一步。

在屈原的《离骚》中有这样一段：“制芰荷以为衣兮，集芙蓉以为裳。不吾知其亦已兮，苟余情其信芳。高余冠之岌岌兮，长余佩之陆离。芳与泽其杂糅兮，唯昭质其犹未亏。忽反顾以游目兮，将往观乎四荒。佩缤纷其繁饰兮，芳菲菲其弥章。民生各有所乐兮，余独好修以为常。”在他郁郁不得志，苦闷彷徨之际，希望能够“退”，依然精心修饰自己的衣

着、帽、带，佩戴五彩缤纷的华丽装饰和香囊，并且最后述到“我独爱美，而且习以为常”。

做个爱美的女孩，每天花半个小时洗一个舒舒服服的澡，花十分钟化一个精致的妆容，穿一套洁净舒服而得体的衣服，这并不花费很多的时间，但一天的心情都会好起来。每天读一段雅致的小诗，享受一段美妙的音乐，喝一杯热热的花果茶，在茶香乐音中做做家务，让窗子明亮起来，地面、桌面整洁起来，就会升起对生活的无限热爱，升起对梦想的无限希望。

生活可以过得无限郁闷无聊，也可以过得无限丰富多彩，悠闲自在。如果你热爱生活，你就会不自觉地对周围的一切留心，不自觉地浪漫起来，就可以发现无限的乐趣和妙事，你自己也会变得无限优雅、迷人、有气质，生活也会更有品位。

做爱美的女孩不仅仅是外表的时尚和华丽，而在于注重生活的品质，同样的金钱可以买很多廉价而无用的东西，也可以买几件高品质的物品，生活中无用的东西尽量不要购买。既然平时家中只有三个人，为什么要买一组沙发呢？不如买一个舒适而便于打理的沙发，几个充满童趣的折叠椅同样可以很好地招待朋友。生活物品要尽量少而精，不仅打理起来省力气，而且可以节省金钱享受更有质量的生活。

除此之外，还要注意自身修养的培养，才能对生活有更深刻的理解，让生活处处充满乐趣。同样一件衣服，穿在气质不同的人身上，会产生不同的效果，人们常说“腹有诗书气自华”，雍容的气度不是服饰点缀出来的，而是一个人的精神世界反映出来的。那些博学之士，即使穿着普通，也能够从对方的步态、举止、深邃的眼神中透露出与众不同的高贵气质。

多读书，多出去走走，开阔自己的眼界和心胸，看得多了，认识深刻了，经历得多了，一个人就能够变得深刻，变得优雅而悠然自在。而这种气度往往吸引着有同样气度的人向你靠近，让你的交往人群和生活圈都得到改变。这样丰富多彩、生机盎然的生活，会让女孩得到最多的幸福。

坦然面对，心境简单一切自在从容

心境简单了，生活也就变得简单，把事情变简单是一种境界。现实生活是复杂的，但无论多么复杂的现实，都有一定的规律可循，只要欣然地接受现实的复杂和冷酷，简单和温暖，事情就会变得非常简单。很多时候，并不是事情变得复杂了，而是我们的心过于纠结，不是人心变化太快，而是我们不肯接受。

简单生活简单爱并不是一种梦想，如果对任何事情都反复思考，那么即使是别人无心的一句话，也极容易因为思考变得别有居心。任何话都经不起琢磨，任何事情都经不起推敲，任何心思一旦纠结于心，事情就容易变得复杂。简单生活，就是把自己的心境变得简单，什么事情都不纠缠于细枝末节，这就是简单生活的诀窍。

比如，穿衣服的目的是保暖，那么合体舒适就是非常重要的，而其他的诸如款式、时尚、领、袖等细节的处理就显得无关紧要。所以，最高档的服饰往往是这样的，没有蕾丝，没有花边，没有褶皱，没有复杂多余的点缀，但是面料一定是最高档的，做工一定是最精细的，颈、腰、胸、腿等部位的线条一定是非常贴合身材，凸显线条而不让人感到拘束的，这就是简单心态，简单生活。

用最简单的心境来享受生活，用最简单的方法来思考和处理事情，生活就会变得非常舒心。在简单率直的人身边，即使再阴暗的人也会感到安心和舒服，也不会用阴暗的心思来揣度他，所以往往率直的人身边更容

易“聚人气”。我们常常可以看到，有些人明明圆滑世故，八面玲珑，但她的人缘并不是那么好，尽管和很多人都维持着表面上的和气，但真正和她交好的并不多，一旦得罪某个人，还很容易被落井下石。而有些人，明明不太顾及他人的想法，有时的率直行为甚至颇为得罪人，但因为相处简单，可以对其随心所欲地说出自己想说的，而不用顾忌，反而更容易被一群人围着。

当然心态简单并不等于头脑简单，头脑简单容易被人利用，所以头脑简单的是“可怜人”。而心态简单的人对于事务是极精通的，只不过和人之间的相处，处理事情的方法喜欢用最简单明了的方式。不屑于“诡道”，不拐弯抹角，想什么说什么，想做什么就做什么，让人相处起来毫不费力。不用费尽心思猜测他的想法，不用怀疑他的话语之中含着什么讽刺、提醒、言外之意，让人格外轻松，当然更让自己格外轻松，因为对于事情不愿意多想，就直接想到别人这样做一定有自己的道理，一定有好处，只是自己目前还想不通罢了，想不通就不要想，直接等待事情的发展就好了。既尊重他人，又不让自己左右为难，胡思乱想，这样的生活态度，这样乐观豁达的心境，才有心思享受生活的美好和舒心。

美国一家网站曾经有过这样一个聊天话题：“有钱人，是否活得更加舒心？”并用这个话题提供者的名字命名了这个聊天室——“马丁聊天室”。在这个聊天室中，每天都有成千上万的人光顾留言，其中有这样一段话格外发人深省，说这段话的人自称“斯蒂芬·罗塞蒂”，他说：“一些我们觉得微不足道的小事，在另外一些人那里却会变得奇大无比，早餐的鸡蛋无法下咽，因为煮得不够嫩；丝绸衬衫无法穿出去，因为上面有一道几乎看不到的折皱……他们感觉一切都和他们作对。

“在服务最周到的豪华大酒店，他们也会弄出一肚子气来，因为白酒没有调到恰恰合乎口感的温度，抬一抬手指，服务员没有在30秒内站到他们身边，走时，门童总是磨磨蹭蹭，打开一个车门，竟让他们足足等了一分半钟。

“回到家里，想泡个热水澡，安静地待上一会，可是到处都在扫他们的兴。就在宽衣解带的时候，贴身男仆突然跟了上来，赶在衣服掉在地板上之前，拾在手中。正想迈入浴室，希望能在蒸腾的热水里独处一番，却赫然发现女佣正在屈身用脸颊测试水的温度。把女佣撵走，一只脚踏进水里，管家就手捧香槟进来了，问晚上的计划，以便准备合适的衣服。他摆摆手，示意管家出去，手还没有放下，墙壁上的电话响了，情人说她考虑再三，还是决定把孩子生下来。人们都说，有钱人过得更舒适，可是，50年来，我还没有发现一个快活的富人和贵族，假如你们发现了一个快乐的富人，那一定是他的钱还不够多，或者说他还不是一个真正的有钱人。”

看到这段话，我们总觉得这些富豪在自找麻烦，但很多时候，我们的很多烦恼也是在自找麻烦，事情真的有我们想象的那么复杂吗？那些小麻烦真的让我们无法忍受？在孩子的眼里，只要有妈妈的抚慰就满足了，在平民的眼里皇帝也不过是一个“天天喝豆浆，天天吃油条”的人。因为想法简单，所以更容易满足；因为容易满足，而生活的快乐无比。一个快乐的猪倌，甚至不需要一件衬衫，就能够把自己的生活过得舒适无比，这种简单的幸福，很多人哪有心思去体会？

心简单，生活就简单了。

善于学习，为平淡生活注入新元素

学习能够增加一个人的人生体验，使得一个女孩的生活更加丰富多

彩，丰富的知识、从学习中领略的智慧、学习过程中的快乐，这一切都能够为自己的生活注入更多的新鲜元素。

不仅如此，善于学习的女孩总是在不断提升自我，往往因为智慧的积累而使得她更有文化、有内涵、有修养，从而散发出灵性的光辉，使她更加丰富多彩，也就更加光彩照人。另外，学习还能够使女孩懂得怎样表现自我，每个女孩都有一种内在的神韵，丰富的学识能够唤醒女孩内心深处蕴藏的巨大能量和智慧，使她用最恰当的方式将这种神韵演绎出来，从而使她散发出更耀眼的光辉。学习的过程也就是丰富自我、发掘自我的过程，这种过程往往使女孩不断惊喜地看到自己的另一面，越发掘往往惊喜越多，越容易认识自我，越有自信。

优雅的举止、幽默风趣的谈吐、独立的人格、与时俱进的思想等这一切都是需要丰富的内涵来做根基的，因此，无论你有怎样丰富的学识，都应该永远坚持学习和进步，才能不断展现自己丰富多彩的一面，才能跟上时代潮流。在日常生活中要怎样不断学习和进步，才能将更多新鲜元素注入生活，使生活更加多彩呢？

热爱读书看报，丰富自己的学识。读书和看报纸是了解社会的重要途径，一个人如果闭目塞听，就难免跟不上时代的脚步，生活就会落伍了。放弃一些看肥皂剧、玩游戏的时间，多看看新闻、读读报纸，关心一下这个世界到底放生了什么事，关心时事，关心时代潮流，才会有独到、新颖而不偏激的观念，眼光会更加广阔，看问题的高度就会有所上升，观点会更加全面，处理事情的方法也会变得新潮而不守旧。

多读书，读好书，也能够让一个人的气质高雅而不庸俗。因为真正将书籍当成了自己的生命和灵魂，把自己的精神寄托在最优秀智慧的人类结晶上，其韵味自然经典永存。

美国第一夫人杰奎琳优雅不俗，无论是服饰、对白宫的布置，还是处事风格，都让人们敬佩不已，其实这是由她丰厚的学识为底蕴的。从孩童时代起，她就把大量时间花费在阅读契诃夫、萧伯纳等人的著作上；少年时代，华尔兹、伦巴舞更是给了她优雅的气质；长大后，她的阅读兴趣开始转向莎士比亚、威廉·巴特勒·叶芝、萨特，甚至是迪派克·乔浦勒的作品，她是那么喜欢看书，就连她的书迷丈夫都惊叹“无法理解她为什么那么喜欢读书”。

在她的寓所和别墅里装满了各种书籍。桌子上和桌子下、沙发和椅子旁，到处都堆满了书。整个公寓就是一个巨大的书斋，别墅则可称得上是一座图书馆。她不仅仅阅读大量的书籍，还拥有将书读进自己气质中的智慧。很多欣赏她的位高权重的男士都为她的智慧所倾倒，莱因霍尔德曾经评价说：“杰奎琳在社会学和神学上表现出的智慧感动了我，于是便下决心支持她的丈夫。”法国总统戴高乐也表示：“杰奎琳女士对法国历史的了解程度远远超过法国本土的妇女们。她并不介入政治，但又给自己的丈夫赋予艺术和文学支持者的名声。自从认识杰奎琳以后，我对美国更加信任了。”她的服饰品味，只不过是杰奎琳智慧最小的冰山一角，而仅仅这一角就风靡了全世界。

各种娱乐活动也能给女孩带来更丰富、更缤纷充满生趣的生活，学学品茶、音乐、植花种草，都能够让你的业余生活更加丰富。这些学习最好专注于其中两种，不要浅尝辄止，而要深入地学习和坚持，才能从中得到更多乐趣，也才能陶冶你的情操，如果只是粗陋的涉及，而顾及多种就会落入浅薄。

多交一些见识广博的朋友，没有见过别人的丰富，就很难意识到自己的贫乏，也就很难坚持学习和进步。多融入集体，融入社会，平时可以参加一些社团活动或者多与他人进行户外活动，见多识广，生活自然也就丰富起来了。

总之，一个女孩想要享受幸福而丰富多彩的生活，就要欣喜地学习，不断将新鲜元素注入生活当中，才会有更多趣味。

放慢脚步，享受人生处处美景

“慢生活”这个词汇来自于1989年的意大利，相对于现代生活的匆匆忙忙、纷纷扰扰，它更强调回归自然，享受轻松和谐的生活。当然，不仅仅是生活节奏上的慢，而且更加讲究一种“慢”的心态，慢慢地享受生活、慢慢地吃、静静地聆听和感受生活的魅力，感性地思考和爱，细细体味人生百态。

世事纷扰，如果没有一颗真正安定的心，时刻紧张地投入工作生活和各种娱乐，就会使自己陷入一种战斗的节奏，很多中年人在这种紧张的快节奏中，高度的压力下，患上了都市疾病，或者引起精神上的疾病，甚至有英年早逝者。这样快节奏高压力的生活，就算赚取再多的金钱、拥有再高的地位，没有真正的休闲和享乐时间，人生还有什么乐趣，还称得上什么享受？一个人工作是为了更好地生活，如果工作只能带给你压力和紧张，还有它原本的意义吗？

现实生活中，很多人整天忙时忙于工作，闲时忙于旅游、采购、娱乐，哪还有真正的放松，哪还有真正的娱乐？旅游时，只是忙于低头拍照，哪还有心思细细欣赏周围的风景？娱乐时忙于疯狂的跳舞和采购，哪还有真正的放松？现代人有谁会在假期静静地走一走？有谁还有闲暇赏一赏雪景，观一观春花，听一听雨打窗棂，在湖上畅快游玩一番？这样纯粹而自然的享乐，谁还能够享受？

特别是女孩，一定要放慢生活的脚步，减少心中的欲望，放下思想上的负担，慢慢品味生活的每一处美妙。工作当然要讲究效率，但一定不能把生活、娱乐、睡眠、锻炼的时间都浪费掉。生活要保持一种和谐的节奏，有快有慢，有紧张有舒缓，快与慢相结合，才能让效率与享受同步，社会进步与享受生活不起冲突。工作时就要全心投入，踏踏实实地工作，玩乐时就要痛痛快快地玩乐，让休闲成为日常生活的一种节奏，而不是在假期弥补。

除每天8小时工作，8小时睡眠以外，还有另外8个小时的闲暇时间来支配，不妨慢慢地吃，投入地锻炼，不时抬一下头欣赏一下大自然，沐浴一下清晨的阳光、好好地泡个热水澡来舒缓肌肉和身心的疲惫。什么都不要想，细细地感受一下周围空气的流动，花香的侵入，热茶雾气的氤氲，这一切都能让你更深刻地感受生活，感受自然的美好，生命的奇妙。这就是在享受生活，慢慢感受就能够拥有幸福。

现代社会要求人们多思考而少感受，因此，很多人都是理智的、理性的，每天都想着怎样创造物质生活，而忽略了感受，忽略了精神生活。即使是读书这种纯属于精神生活的事情，如果只是读，而不能体会一下作者的感受和感悟，就会浅薄很多。感受可以调整、丰富你的思考，可以让思考更加深入而贴近心灵，思考是大脑的运动，感受则是心灵的事情，思考强调逻辑思维，感受则强调直觉思维，很多逻辑不能解释的事情，就需要我们的直觉去判断。闭上眼睛聆听美妙的音乐，在音乐中，你会感受到弹奏着的思绪，迷茫、思念、喜悦、痛苦、坚持，这一切都能让你的心更加丰富，更加敏锐。

古人云："博学笃志，切问近思；神闲气静，智深勇沉。"只有平日气定神闲，关键时刻才可能产生智慧和勇气，怎样保持气定神闲呢？就要在闲暇时间坚持"慢节奏"的生活，尽量让自己的心静下来。看看书，让心静下来充实自己；练练瑜伽，让思想集中于身体的某一个点；听听音

乐，让心灵陶醉在他人的思绪当中，细细回忆、感受一下生活，这些都能够让自己“静”下来，“慢”下来，重要的是，这些活动必须以对自己灵魂的磨炼和充实为前提，不是为了赶潮流，否则就只能得其皮毛，不能深邃领悟其中深意。

放慢脚步并不是散漫和慵懒，而是追求自然与从容，追求顺应自然，追求平衡与和谐。饮食清淡，七八分饱；衣着简朴，三四分闲，这种生活多么惬意，多么写意。但是这样的生活并不是每一个人都能享受的，只有那些懂得享受淡泊宁静，对人生高度自信的人，才能这样随性、细致而从容地应对世界，从中感受生活的美和幸福。

难得糊涂，心“大”的女孩更幸运

你见过一些精明敏感的女孩吗？只要有蛛丝马迹，就能够从中推衍出事实的真相；比男人还要精明，还要警惕，一有风吹草动，立刻将自己武装到密不透风；无论做什么都显得特别精明能干，不但工作上进，还会自己修电器，简直十八般武艺样样精通。但是你见过她们幸福的样子吗？

这样的女孩是个男人就要敬而远之，这样精明能干的女孩，你还能够为她们做些什么呢？心中刚起了某些绮思，立刻被看透，几句讥诮的话，如当头一桶冷水泼下来，立刻让你规规矩矩，热情全消。看着她在一边费劲地重组程序，刚想过去帮帮忙露一手，炫耀炫耀老公的能耐，人家已经进入尾声。假日露一手做两个菜讨好老婆，女孩一边吃，一边挑剔这个菜应该配哪个年份的红葡萄酒才够味，这个红酒的酒杯形状不完美，透明度不够高，这个小点心要配上英式红茶才够地道，把好好一餐饭弄成了鉴赏大赛。偶尔浪漫一把，送束鲜花，不是鲜花的种类挑错了，就是搭配不好，要么包装鲜花的衬纸太过廉价，总之，做什么都难以讨好，因为人家永远比你做得好，永远比你精明能干，这样的女孩常常会让人感觉很丧气，很无奈。

其实女孩也不妨犯犯小迷糊，糊涂一点，生活既不是比赛，又不是工作，为什么要处处精明规范，时时警惕戒备，难道不累吗？那些无所谓的小事，那些生活的小细节，即使做错了又能怎样？有时候没有戒备、没有警惕心，迷迷糊糊的女孩往往更可爱，会让你极想宠一把。记得曾经有个朋友喜欢在床边的小柜子上，放一盒小点心，一边慵懒地靠在被褥上读一些杂志，一边吃一些点心，有时候嘴角边挂着点心残渣就睡着了，读的书则歪在手边；或者刚刚醒来，还没有睁开眼睛，就伸手过来摸一小块酸糕来醒盹，特别可爱。这个时候总让人操心她以后会遇到怎样的伴侣，能够有怎样的包容心，但事实证明，我们都瞎担心了，老公对她像对女儿一样宠爱着，她的小糊涂，反而让她更幸福。

还有一个女友，天生的路痴，听人家说，很多时尚白领都去动物园淘衣服，于是也想去新潮一把。去的时候，老公送上车，动物园下车。回来的时候，半个小时的路程，生生走了三个半小时。因为方向坐反了，一直开到终点站——颐和园，才明白过来。老公问她："车往相反的方向开，你不觉得陌生吗？""我从来也没觉得哪条路熟悉啊！上班的那条路，天天走，我还是觉得陌生啊！"就是这样一个迷迷糊糊的小可爱，却比我们这群如蝴蝶优雅的女子更多了一份自在与幸福。

生活往往是这样：越是精明计较，越是挑剔，生活中的不如意反而越多；越是大大咧咧，什么规矩规范都不放在眼里，往往越是容易感觉到快乐；越是精明、事事算计的人，人们越容易对他苛责，殊不知"机关算尽太聪明，反误了卿卿性命"。以有心算无心，固然更容易讨好他人，更容易有成就，在事业上用这样的精心才能成功。但生活的智慧却不是这样，生活更讲究自然而无痕迹，讲究不矫饰、不矫情、顺其自然，才能安心舒适。

不要小看那些表面迷迷糊糊、大大咧咧的女孩子，往往在关键问题上，她们比谁都清醒，比谁都认真，比谁都执着。她们之所以显得迷糊，仅仅是因为她们不想在一些小节上计较过多，男人看看美女能怎样，自己还喜欢看美男杂志呢！分给别人一些功劳又能怎样，反正大家清楚事情到底是谁做的！点心味道不好，好歹是老公一番心意，不要打击人家积极性，多练练就好了。男人不浪漫没有关系，自己可以带他，理智的男人更安全。有机会，就让他们去显摆吧，现代男人也不容易，单位里到处都是女强人，能力、智慧一点都不差；处处都是出得厅堂入得厨房的女孩子，让男人都自卑，如果在家里再不让人家多点自信，什么都自己摆平，男人还怎么活呀！

现实意义上的贤妻良母或者女强人往往让男人害怕，因为他们的事业往往寄托着女孩太多的希望，或者因为女孩独自一人已经很完美，别人已经不能够再为这个女孩多做一些什么，所以更加无奈。现实中的那些所谓“贤妻良母”或者女强人也不像你想象中的那么幸福，完全把希望寄托给伴侣或者自己，不能依靠自我或者不能指望别人一点，这两种状态都容易让女孩误入歧途。偶尔糊涂一点，大大咧咧一点，给别人更多空间，也就给了自己更多可能。

慢慢品味生活，做精致女孩

很喜欢亦舒小说中的女主角，无论经历什么样的困境灾难，什么样的意外，永远一脸清明，事业、生活、友谊、爱情、生命每一样都安排得井井有条。永远都最爱自己，精心照料自己的生活，即使偶尔落魄，也绝对不会浑浑噩噩堕落地生活。女孩就是这样，只有你精心照顾自己，生活才会关照你；只有自己不混混沌沌，未来总是会更好的，总会充满希望。

女孩就是要这样活，无论有没有人爱，有没有亲人惦记照顾，都要首先照顾好自己，过有条理，有规律，理性的生活。女孩就像猫，需要物质上的精心照料，更需要精神上的深层抚慰，当没有人照料你的生活时，就要学会自己照顾自己。每个懂得善待自己的女孩一定会规划好自己的人生，每段时间用来做什么，每天用来做什么，都有自己的安排，坚持什么样的信念，每个阶段达到怎样的目标都要有自己的计划，不但是事业计划，还包括人生计划。

女孩不必十分精明，但一定要学会有条理地过日子，可以大大咧咧，一定不能没心没肺；可以有点小迷糊，但绝不能事事糊里糊涂；有时丢三落四，但关键时刻一定要认认真真；有些事情上可以无所谓，但对可以影响到自己人生前途的事情一定非常执着；有些事情可以不做，可以不爱做，但一定会做。总之，学会照料自己也是一门课程，有人照顾固然温馨，无人照料也不能像温室里的玫瑰花，立刻就枯萎了。

女孩不仅仅要在外面打拼，在家里的时候也要学会犒劳自己，喜欢美食的女孩子不妨学几样拿手小菜，有心情的时候，做一大桌美食，榨好一两杯果汁，有兴致的时候，呼朋唤友，与几个知心的闺中女友，推杯换盏，岂不其乐融融，别有一番乐趣？如果有另一半，享受一番浪漫，又是另一番情趣。

顾家的女孩子，不妨按照自己梦想中的样子，把小屋重新布置一番，让花朵和蕾丝缀满房间的每一个角落。为自己的房间选择喜欢的颜色和主题，平时不妨多注意、选购一些风格一致的实木家具，选择好适宜的灯光，种一些大的盆栽，都可以让小家变得更温馨，又有味道。鲜艳的花束

映衬着典雅的花瓶、新鲜有趣的置物盒、色彩鲜艳的抱枕、几个造型各异的泥塑、自己动手缝制的小布娃娃、喜欢的玩偶这些小细节都可以让你的心情充满愉悦，让你在家中的情绪更加放松，更加舒适。

按时按点吃饭，每天睡足8个小时，假日心情好的时候不妨出去走一走，做一上午的日光浴，一边修剪花草，一边听一听喜欢的音乐；打扫好放假以后，泡一壶花草茶犒劳自己；有心情的时候看一场电影，听一场音乐会；寂寞的时候去泡泡吧，找个看得顺眼的陌生人聊一聊；有兴致的时候，去美容院做一整套的SPA，享受一下按摩、精油和香氛的魅力，总之绝不能亏待自己。

现在有很多女孩子，每天忙得要死，下班以后的活动却是疯狂地蹦迪、吃火锅、唱歌、上通宵的网，既不能放松心情，身体还疲惫得要死，这就是典型的自虐。女孩一定要学会按时吃饭，即使不能日日吃营养大餐，也不能总吃垃圾食品；就算不能保证8小时的睡眠，但睡眠质量一定要好，每天安安静静地、沉沉地睡上一觉，对于劳碌的身体来说，是最好的恢复方法，对于女孩来说，更是最好的美容方法。寂寞的时候，不要用那些疯狂的活动来驱赶寂寞，那不过使你的精神更加空虚罢了。读读书、走一走、多思考一些东西、按自己的计划做一些活动，这些都可以使你精神起来。

总之，精心打理自己的女孩与无所事事、空虚的女孩精神风貌是绝对不一样的。学会精心照料自己的生活，会让自己看起来更加精神奕奕，有所寄托，也就会被人们尊重、欣赏和看重，你的生活也会更充实，更有生趣。

参考文献

[1]龙柒.心态左右你的人生[M].北京：新世界出版社，2011.

[2]麦小麦.修炼好心态让女孩幸福一生［M］.北京：中国纺织出版社，2011.

[3]蔡践.女人的心态是养出来的[M].北京：海潮出版社，2014.

[4]刘逸新.阳光心态（第二版）[M].北京：中国纺织出版社，2016.